HEYNE <

Isabell Aue
mit Sabine Eichhorst

DEN HOF MACH ICH MIR SELBST

Aus dem Leben einer Jungbäuerin

Wilhelm Heyne Verlag
München

Namen von Personen, die nicht zum engsten Familienkreis gehören, und Namen von Personen des öffentlichen Lebens wurden geändert.

MIX
Papier aus verantwortungsvollen Quellen
FSC® C014496

Verlagsgruppe Random House FSC® N001967
Das für dieses Buch verwendete FSC®-zertifizierte Papier
Holmen Book Cream liefert Holmen Paper, Hallstavik, Schweden.

Originalausgabe 06/2014

Printed in Germany 2014
Redaktion: Andrea Kunstmann
Umschlaggestaltung und Motiv: Hauptmann & Kompanie, Zürich
Satz: EDV-Fotosatz Huber/Verlagsservice G. Pfeifer, Germering
Druck und Bindung: GGP Media GmbH, Pößneck
ISBN: 978-3-453-60282-3

www.heyne.de

INHALT

GLÜCK

Nachts hatte es geregnet, und in der Morgensonne schien die Erde zu dampfen. Die Luft roch feucht und würzig, und ab und zu fielen ein paar verspätete Tropfen von den Zweigen der Birken auf mein Haar, meine Arme, auf Ondras Mähne. Es war noch früh.

Am Feldrand blühten Klatschmohn und Kornblumen, bunte Tupfen vor hellem Getreide, wie auf dem Bild eines Malers. Auf einem Zaunpfahl saß ein Bussard, reglos und erhaben. Ich ließ die Zügel locker, knöpfte meine Jacke auf und rutschte aus dem Sattel. Ein dumpfes Geräusch, als meine Füße auf den Boden trafen. Ondra schnaubte. Ich löste die Leine am Halfter des Fohlens. Es schüttelte sich. Sein Körper war stämmig, der Hals kräftig, sein Fell glänzte. Seine weichen Nüstern schnupperten an meiner Schulter, es wieherte leise, dann schüttelte es den Kopf und trabte an. Eine Weile hielt es auf den Graben am Ende des Felds zu, und kurz bevor es ihn erreichte, wechselte es in einen geschmeidigen Galopp. Dann setzte es zum Sprung an.

Ich lehnte mich an einen Baumstamm und sah ihm zu. Mit erhobenem Kopf und wehender Mähne galoppierte es über die dahinterliegende Wiese. Eine schmale Reihe Birken zog sich an ihrem Rand entlang, die Kronen neigten sich im Wind. Der Bussard breitete die Schwingen aus. Er erhob sich und glitt durch die Luft, ließ sich von der Thermik tragen, und ein kurzer Schauer fuhr mir über den Rücken, so leicht und vollkommen mühelos sah es aus.

Ondra senkte den Kopf und rupfte an einem Büschel Löwenzahn. Auf einigen Feldern blühte Raps, auf anderen standen Getreide und kniehohe Maisstauden. Ein Blatt flatterte durch die Luft, ein rosa Blütenblatt – Ackerwinde? Wilde Malve? Langsam, in einer immer enger werdenden Spirale sank es zu Boden und landete dicht neben meinem Fuß auf einer Kleeblume. Vögel zwitscherten, und in den Brombeerbüschen glitzerten Spinnweben.

Für einen Moment schloss ich die Augen.

Als ich sie wieder öffnete, sah ich den blassen Mond, der am Himmel stand. Bald würde ihn die Sonne vertreiben. Bald würde der Himmel die Farbe der Kornblumen annehmen, bald würde die Wärme des Tages die Feuchtigkeit trocknen und die schillernden Spinnweben, bald würde es nach Staub riechen, nach jungem Gras.

Irgendwo quakte ein Frosch. Ich griff nach dem Blütenblatt, legte es in meine offene Handfläche. Ondra sah auf, Grashalme an den Lippen. Das Fohlen stob immer noch über die Weide, und sein dichter Schweif schlug durch die Luft. Über meinem Kopf raschelte es, ein Eichhörnchen ließ sich von einem Ast fallen, landete auf einem anderen, sprang behände weiter und hinauf bis in den Wipfel. Dann war es wieder still. Eine Schnecke kroch durchs Gras, fuhr tastend ihre Fühler aus, und die weiße Borke der Birken leuchtete rötlich in der Morgensonne. Am Horizont färbte sich der Himmel gelb und rosé.

Die Stille, die mich umgab, war so weich und voll, dass es beinahe schmerzte.

ES IST EIN MÄDCHEN ...

1.

Kurz bevor es losging, marschierte mein Vater in die Kneipe. Den ganzen Tag hatte er das neue Rübenfeld beackert, nun war er hungrig.

»Wer ordentlich arbeitet, muss ordentlich essen!« Er ist ein großer und kräftiger Mann, hat störrisches Haar und riesige Hände, die, selbst wenn er sie schrubbt, nie ganz sauber werden, und wenn er über die Felder läuft, die seine Familie seit über zweihundert Jahren bestellt, stapft er breitbeinig und mit festem Schritt über den schweren Lehmboden.

Auf dem Weg fütterte er noch die Wildschweine. Dann fuhr er nach Hildesheim. Er schaute kurz in der Klinik vorbei und marschierte weiter in die nahe Innenstadt. Die Brathähnchen bei Leinemann waren vorzüglich, und er bestellte zwei halbe, dazu ein Bier. Er war sicher: Das wird schon. Schließlich hatte er einen Kurs gemacht, er wusste Bescheid, und als man meine Mutter in den Kreißsaal gebracht hatte, hatte er mit einem Blick gesehen, dass diese spezielle Sache noch eine Weile dauern würde.

Er biss in die Hähnchenschenkel, nagte das Fleisch von den Flügelknochen, ab und zu spülte er mit einem

Schluck Bier nach. Fett glänzte auf seinen Lippen, und unter seinen Fingernägeln zeichneten sich schwarze Halbmonde ab.

Als er gegen halb acht wieder in die Klinik kam, nahmen die Ärzte meine Mutter gerade vom Wehenschreiber. Auf dem Monitor prangte eine Zahl, die ihm nichts sagte, und aus dem Drucker floss Papier voller wild gezackter Kurven. Meine Mutter war blass und erschöpft, ihr nasses Haar klebte ihr im Gesicht. Ihr Bauch war riesig, und während mein Vater ihn bestaunte, schüttelte eine neue Wehe ihren Körper. Plötzlich entdeckte er zwischen ihren Beinen einen …?

Einen Ballon?

»Was ist das denn?«, rief er und im nächsten Moment: »Atmen, Sylvia, atmen!«

Er war gerade noch rechtzeitig gekommen, doch nun war alles ganz anders als im Geburtsvorbereitungskurs, wo sie Atem- und Entspannungstechniken geübt hatten, wo die Hebamme ihnen Gebärpositionen gezeigt und die Vor- und Nachteile einer Periduralanästhesie gegenüber Massagen oder Akupunktur erklärt hatte. Plötzlich war alles aufwühlend, mitreißend, dramatisch – einfach überwältigend. Ein Gefühl wie damals, als er seinen ersten Sechzehnender geschossen hatte.

Nein, es war noch besser.

Eine Stunde später, um 20.30 Uhr am 16. April 1986, hielt mein Vater sein erstes Kind in den Armen.

Mich.

Ein Mädchen.

Er war überglücklich und enttäuscht.

2.

Seine Enttäuschung legte sich, als mein Vater beschloss, mich wie den Sohn zu behandeln, den er sich gewünscht hatte. Im Oktober, als er Rüben rodete, schlief ich in einem Körbchen neben dem Fahrersitz auf seinem Trecker. Im März, als er pflügte, saß ich auf seinem Schoß und lugte übers Lenkrad. Furche um Furche kurvten wir über den Acker, der Pflug lockerte die harte Krume, und ab und zu am Ende einer Furche hielt Papa, hob die Pflugscharen und sprang aus der Fahrerkabine. Er fütterte mich. Anschließend zog er eine Windel aus seiner Tasche, breitete einen alten Sack auf dem Boden aus und wickelte mich; die vollen Windeln pflügte er in der nächsten Furche mit unter.

Meine Mutter arbeitete als landwirtschaftliche Sachverständige, und wenn sie irgendwo in Niedersachsen einen Bauernhof begutachtete, ging mein Vater mit mir zum Babyschwimmen. Er nahm mich mit zum Forellenfischen und in den Wald, wenn er Brennholz machte. Beim Bauernstammtisch hockte ich zwischen Männern in groben Hosen und derben Schuhen, die Gesichter noch verschwitzt von der Arbeit, sie tranken Bier aus dicken Gläsern und rauchten und redeten und lachten;

für mich bestellten sie jedes Mal frische Milch. Ich war zwei Jahre alt, als Papa einen neuen Trecker kaufte, einen hellgrün leuchtenden Mercedes-Benz-Traktor – dasselbe Modell bestellte er in Klein, einen hellgrün leuchtenden MB-Trettraktor, und zu Weihnachten kurvte ich damit um den Tannenbaum. Mit fünf Jahren bekam ich Lederhosen, mit acht ein Jagdmesser, mit zehn ein Tierfährtenbuch, mit zwölf ein Luftgewehr. Ich liebte diese Geschenke – viel mehr als den Puppenwagen, den Mama mir schenkte, oder das Mandala-Malbuch. Mädchengeschenke langweilten mich. Draußen auf dem Hof zu spielen, mit echten Tieren, war viel spannender. Mein liebster Freund in Kindergartentagen war Tobias – gemeinsam nahmen wir unsere Ziegen an die Leine und gingen mit ihnen spazieren. Einmal büxte eine aus, und die Polizei kam, um sie einzufangen. Solchen Unfug konnte man mit anderen Mädchen nicht anstellen.

Unser Hof lag in Groß Düngen, einem Rund-Eintausend-Seelen-Dorf in der Nähe von Hildesheim. Wir lebten in einem Fachwerkhaus umgeben von Obstgärten, Ställen, Maschinenhallen und sechzig Hektar Land. Meine Eltern bauten Getreide an und Rüben, sie hielten Hühner, Pferde und Ziegen und anfangs auch ein paar Wildschweine; eines war die Schwester von Luise, die für die niedersächsische Polizei nach Drogen und Sprengstoff schnüffelte und es als weltweit erstes Schwein im Polizeidienst ins Guinnessbuch der Rekorde schaffte. Eines Tages, ich konnte bereits laufen und stromerte herum, streckte eine borstige Bache ihre

Nase durch den Zaun des Geheges. Eine andere Bache hatte Junge, sechs Frischlinge drängelten sich an ihren Zitzen, stießen einander beiseite und kletterten übereinander hinweg – fasziniert hielt ich mich am Zaun fest und sah zu. Die Bache schnupperte an meinen Fingern.

»Geh da weg, Isa!« Mein Vater trat aus dem Stall, ein Gesicht wie Blitz und Donner. Er ließ die Forke fallen und rannte los.

Lachend tatschte ich nach dem Maul der Bache.

Im nächsten Augenblick packten mich zwei kräftige Arme und rissen mich fort. Die Bache stob zurück.

»Wenn die zubeißt, sind deine Finger ab!« Papa griff nach meinen Händen, er betrachtete meine Finger wie zehn kleine Wunder und streichelte jeden einzelnen. Dann verbot er mir, noch einmal allein zum Gehege zu gehen. Ich tat es trotzdem. Bald darauf schaffte er die Wildschweine ab – auch Luises Schwester endete in einer Wurstdose.

Die Jungen und Mädchen, mit denen ich in den Kindergarten ging, spielten nachmittags Würfelspiele – ich fuhr Rüben mit meinem Trecker. Ich badete Seidenhühner im Bollerwagen, spazierte mit Conny, unserer Ziege, an der Leine durchs Dorf und kroch mit Cornelius, unserem Hausschwein, durch den Matsch; abends war ich schmutziger als das Schwein. Ich baute Strohburgen und hielt die Läufe, wenn Papa ein erlegtes Wildschwein aufbrach.

»Willst du auch mal?«, fragte er, als er eines Tages ein Dutzend Hennen schlachtete.

Ich schüttelte den Kopf und sah schaudernd zu, wie er zügig und ohne innezuhalten, einem Huhn nach dem anderen den Kopf abhackte. Der Hackklotz war voller Federn, seine Schürze rot, Blut tropfte vom Beil. Ich spürte, wie mir die Tränen kamen. Am Tag zuvor hatte ich noch die Eier all dieser mir sehr vertrauten Hühner eingesammelt.

»Willst du es nicht mal ausprobieren?« Ohne aufzusehen packte Papa die nächste Henne, sie gackerte schrill, sie schien um Hilfe zu schreien, doch er hielt sie mit seinen mächtigen Händen, und wieder sauste das Beil durch die Luft, Blut spritzte, und die Henne zuckte zuerst und flatterte dann kopflos vom Hackklotz. Ich schloss die Augen. Als ich wieder hinsah, tauchte mein Vater das Huhn in einen Kübel mit heißem Wasser, damit es sich leichter rupfen ließ. Mit seinem blutverschmierten Arm wischte er sich den Schweiß von der Stirn.

»Da musst du wohl noch ein bisschen abhärten.«

Er sollte recht behalten.

Ich ging bereits in die erste Klasse, als er eines Nachmittags mit einem Korb Tauben nach Hause kam. Sein Bruder, mein Onkel Heinrich, züchtete Brieftauben.

»Alles schlechte Flieger.« Er stellte den Korb ab. Dann runzelte er die Stirn. Er sah mich an, maß mich mit einem prüfenden Blick, hob eine Augenbraue. »Wenn du sie schlachtest«, sagte er, »bekommst du für jede Taube fünf Mark.«

Ich nickte.

Doch er bemerkte mein Zögern.

»Gut«, sagte er schließlich und rieb sich die Hände an seinen Arbeitshosen. »Machen wir es so: Ich köpfe sie, und du rupfst sie.«

Bald rupfte ich zwanzig Tauben am Tag, ich war sogar geschickter als Papa, denn ich hatte ja wesentlich kleinere, wendige Finger.

»Das gibt ein leckeres Taubensüppchen«, sagte der Koch, als wir die Tauben in der Gaststätte im Nachbardorf ablieferten, und der Wirt öffnete seine Kasse und nahm einen Hundertmarkschein heraus.

Stolz steckte ich das Geld in die Tasche.

Trotzdem wollte ich, als im Frühjahr Hühnerküken schlüpften, eins behalten. »Ich will es füttern und aufziehen.«

»Aber wenn es groß ist, schlachten wir es.« Papa stapfte durch den Stall und bückte sich nach einer Rolle Maschendraht. »Hühner sind Nutztiere.«

Ich schlüpfte vorbei und fing ein Küken ein, das durchs Stroh stolperte. »Aber ich suche mir ein Hennenküken aus, und wenn das groß ist, legt es Eier und kriegt noch mehr Küken und ist auch nützlich.« Das flaumige Knäuel in meinen Händen zitterte. »Ein Gockel dagegen …« Nebenan, als spürte er, dass wir über ihn sprachen, krähte der Hahn. »Ein Gockel ist ja nicht zu viel nütze …«

Papa richtete sich auf. Erstaunt sah er mich an, wischte sich Haare aus dem Gesicht – und lachte laut los.

»Einverstanden«, sagte er schließlich.

»Ich nenne es Anna.«

»Deine Taube heißt schon Anna.«

»Ja, der Name gefällt mir.«

Bald entpuppte sich Anna als Hahn – behalten durfte ich ihn trotzdem. Anna-Hahn war so zahm, dass er mir auf Schritt und Tritt folgte und auf meiner Schulter hockte, wenn ich zur Schule ging. Eines Tages nahm ich ihn mit in den Unterricht. Doch Anna-Hahn kackte in den Schrank mit den Schreib- und Rechenheften.

Hinterm Haus hatte Papa Volieren gebaut, und mit Anna-Hahn auf der Schulter verbrachte ich Stunden in dem bunten Geflatter und Gezwitscher. Die Wellensittiche waren zutraulich und hüpften mir auf den Arm. Die Kanarienvögel trillerten wie Opernsänger, die Zebrafinken quietschten wie alte Türangeln. Die Diamanttauben mit ihrem unscheinbaren Gefieder fand ich langweilig, doch die Wachteln faszinierten mich, sie hockten die ganze Zeit am Boden und legten winzige gesprenkelte Eier. Ich baute ihnen Nester und wartete ungeduldig, wenn sie brüteten.

»Wachteleier sind eine Delikatesse«, sagte Mama, und als ich eines kostete, schmeckte es fein und würzig – wie ein ganz besonders gut gelungenes Hühnerei.

Mein zweiter Begleiter in diesen Jahren war Bonnie, eine schwarz-weiße Münsterländer-Mischlingshündin. Wir waren unzertrennlich. Sobald ich laufen konnte, folgte sie mir, und wenn ich stiften ging, kläffte sie jeden an, der mich auf der Dorfstraße auflesen und nach Hause bringen wollte. Sie schlief in meinem Zimmer und ich in ihrer Hundehütte. Eines Mittags, als ich aus der Schule kam, war mein Meerschweinchen verschwunden – ich fand es in Bonnies Hütte, wo sie es mit der Schnauze an ihre Zitzen stupste.

»Sie will es säugen«, sagte Papa. »Sie ist scheinträchtig.«

Bald verschleppte Bonnie auch meine Kuscheltiere und bemutterte sie wie Welpen.

3.

An einem Morgen im Frühjahr spürte ich etwas Feuchtes an meinem Arm. Ich öffnete die Augen. Bonnie hockte vor meinem Bett. Unten hörte ich Stimmen – schnell schlug ich die Decke zurück, schlüpfte in meine Hosen, zerrte ein T-Shirt über den Kopf und stürzte die Treppe hinunter in die Küche. Papa hatte versprochen, mich zum Viehmarkt mitzunehmen.

Es dämmerte gerade, als wir losfuhren.

»Wenn man gute Tiere kaufen will, muss man früh dort sein.« Papa trug Cordhosen und ein Polohemd, seine Haare waren ordentlich gekämmt.

»Kaufen wir Hühner?«

»Nein, Gänse.« Das Radio rauschte, und er suchte einen Sender. »Hühner haben wir genug.« Er kurbelte bis zum Ende der Skala, dann zog er eine Kassette aus dem Handschuhfach. Zu den Klängen der Jagdhornbläser, die *Aufbruch zur Jagd, Treiber in den Kessel* und andere Signale bliesen, fuhren wir über die leere Landstraße.

»Wir könnten auch ein Dalmatinerkaninchen kaufen.« In der Bauernzeitung hatte ich ein schwarz-weiß geflecktes Karnickel gesehen.

»Erst mal kaufen wir Gänse und mästen sie.«

Als wir eine Dreiviertelstunde später in Burgdorf ankamen, ging bereits die Sonne auf. Auf einer Wiese hatte man Maschendrahtverschläge, Pferche und Käfige aufgebaut, Pferde und Ponys standen angepflockt, Ziegen und Lämmer trippelten durchs Stroh. Ein Ziegenbock meckerte und reckte seinen Kopf, sein dürrer Bart wehte im Wind. Ein Schäfer trieb Schafe in eine Koppel, und ein schmalbrüstiges Lamm blökte und suchte seine Mutter. Ein Mann lehnte an einem Hühnerverschlag.

»Was kosten die?«, fragte ein Glatzkopf in blauem Kittel und deutete auf eine Schar ausgewachsener Brahmahennen.

Blitzschnell packte der Händler ein Huhn und hielt es dem Glatzkopf hin. »45 Mark.«

Der Glatzkopf schnalzte. »25.«

Der Händler schüttelte den Kopf. »Sehen Sie sich den breiten Rumpf an! Die volle Brust, das dichte Gefieder an den Läufen …«

»Komm«, sagte Papa und nahm meine Hand.

Wir liefen an Welpengehegen vorbei, an Meerschweinchen, Ferkeln und Fohlen, an wuscheligen Schafen und Katzenbabys, an Hasen, New-Hampshire-Hühnern und Milchkühen, die mit malmenden Kiefern beieinanderstanden, eine hob ihren Schwanz, und ein dampfender Strahl ergoss sich ins Stroh. »Jeder Rammler für 'nen Zwanziger«, rief eine Stimme neben mir.

»Sieh mal, Frettchen.« Papa blieb vor einem Käfig stehen – schlanke Tiere mit hellem Fell, buschigen Schwänzen und spitzen rosa Ohren wieselten durcheinander.

»Sie stammen von Iltissen ab und treiben Kaninchen aus ihrem Bau.« Ein Frettchen beobachtete uns, sein Blick war äußerst wach.

»Werden sie dressiert?«

»Man kann sie abrichten und dann zur Jagd nehmen.«

Bei einem Händler, den Papa aus dem Vorjahr kannte, kauften wir schließlich zehn Gänse.

»Willst du noch eine Bratwurst?«, fragte er, als er die Käfige im Auto verstaut hatte. Neben dem Parkplatz spielte ein Mann Drehorgel. Die Sonne stand jetzt über den Bäumen, und auf einer Koppel ließ eine Frau eine Hannoveranerstute antraben und wieder in den Schritt fallen. Ein baumlanger Kerl schaute einem Haflinger ins Maul. »Wie alt?«, hörte ich ihn fragen. »Vier Jahre und schon zugeritten«, antwortete der Züchter.

»Was ist, Isa? Wollen wir noch ein Würstchen essen?«

Ich schüttelte den Kopf: »Ich möchte noch mal zu den Kaninchen.« Hinter der Pferdewiese hatte ich einen Züchter mit Dalmatinern gesehen und deutete vage in die Richtung.

»Na gut …« Papa winkte einem Mann zu, der einen Sattel und Zaumzeug trug. Er winkte zurück; unter seinen Armen prangten riesige Schweißflecke. Ich schob meine Hand in Papas und zog ihn durch die Menge.

Vor einem Käfig mit drei gefleckten Karnickeln blieb ich stehen. Ich griff durch die Gittermaschen, und ein Kaninchenjunges schnupperte an meinen Fingern.

»Fühl mal, wie weich ihr Fell ist.«

»Die sind reinrassig.« Ein Mann, dünn wie ein Strich und mit karottengelbem Haar, öffnete den Käfigdeckel.

»Ohren hat er aber wie ein Deutscher Riese«, sagte Papa.

»Ich kann Ihnen die Papiere zeigen.« Der Züchter nahm das Tier und setzte es mir auf den Arm.

»Was soll es kosten?«

»Dreißig Mark.«

Mein Vater stieß Luft zwischen den Zähnen aus: »Kommt gar nicht infrage. Für das Geld krieg ich zwei Schlachtkaninchen.«

»Nehmen Sie zwei«, sagte der Züchter, »dann gebe ich Ihnen einen Rammler umsonst dazu.«

»Ja, Papa! Wir nehmen zwei, und ich züchte Dalmatinerkaninchen.«

Er schüttelte den Kopf. »Schlachten werde ich es trotzdem.«

»Aber warum?« Ich schmiegte mein Gesicht in das weiche Fell.

Papa packte das Karnickeljunge. »Weil Tiere nicht zum Spielen da sind, sondern zum Essen. Und das beste Fleisch kommt aus dem eigenen Stall, da weiß man, was man auf dem Teller hat.« Er untersuchte das Fell und guckte dem Kaninchen in die Augen – das Kaninchen guckte erschrocken zurück.

Etwas in mir sträubte sich, gleichzeitig leuchteten mir Papas Worte ein.

»Das Tier ist kerngesund«, sagte der Händler. »Eigentlich gebe ich es Ihnen noch viel zu billig.«

Papa murmelte etwas, das ich nicht verstand, dann reichte er mir das Karnickel und zog sein Portemonnaie aus der Hosentasche.

Ich war sechs Jahre alt, als ich zum ersten Mal selbst ein Huhn schlachtete; an spritzendes Blut und wildes Gegacker hatte ich mich gewöhnt. Anschließend tauchte ich es in den Brühkessel, Papa rupfte es, dann zeigte er mir, wie ich es ausnehmen musste. Mit sieben Jahren packte ich ein Kaninchen an den Hinterläufen.

»Hau ihm auf den Kopf!«, sagte Papa und reichte mir einen Stock.

»Mit dem Besenstiel?«

»Wenn du groß bist, kannst du auch einen gezielten Handkantenschlag setzen.«

»Tut ihm das nicht weh?«

»So tötet man ein Kaninchen. Mit einem sauberen Karnickelfangschlag.« Dann schlug er zu.

Auch das Dalmatinerkaninchen, das wir auf dem Viehmarkt gekauft hatten, wurde geschlachtet, ebenso die Jungen, die ich gezüchtet und aufgezogen hatte.

»Nein, das nicht!«, rief ich, als Papa eines Nachmittags kurz vor Ostern ein halbes Dutzend Kaninchen schlachtete. Er arbeitete zügig und konzentriert und hörte mich nicht – ehe ich michs versah, hatte er auch meinem silbergrauen Lieblingskarnickel einen Schlag versetzt.

»Wir haben genug Tiere«, murmelte er, als er mein Gesicht sah.

Ein einziges Kaninchen bekam bei uns das Gnadenbrot: Schneeflöckchen, ein blauäugiges Hauskaninchen, das dick und dicker wurde, bis es an Herzverfettung starb – an ihm hatte auch Papa einen Narren gefressen.

In dieser Zeit war das Leben ein Abenteuer und jeder Tag voller Entdeckungen. Als Mama 1990 wieder schwanger war, hoffte Papa erneut auf einen Sohn.

»Oma«, seufzte er, als er aus dem Kreißsaal kam und seine Schwiegermutter anrief, »jetzt haben wir den Krieg verloren.«

Meine Schwester Flora sollte immer eine enge Beziehung zu unserer Mutter haben – ich dagegen war die Tochter meines Vaters und sein liebster Sohn.

4.

Der Himmel war dunkelgrau, und Regen trommelte gegen die Scheiben. Papa trug grüne Thermohosen und eine Lodenjacke, seine Gummistiefel schmatzten, als er ums Auto lief.

»Haben wir alles?« Er legte seine Querflinte in den Kofferraum. »Horn? Messer? Den richtigen Schrot?«

»Kaliber 12.« Ich öffnete die Tür zum Fond und ließ Bonnie auf den Rücksitz springen.

»Wie viel Millimeter?

»3,5.«

»Und das Signalband?«

Ich nickte, und er schloss den Kofferraum. Dann stieg er ein und ließ den Motor an.

Die Dörfer schliefen noch, nur vereinzelt brannte hinter einem Fenster Licht, als wir über die Landstraße fuhren. Kurz vor Farmsen überholten wir einen Lastwagen und einen Traktor, kurz vor Schellerten stemmte sich ein alter Mann auf einem Fahrrad gegen den Wind. Das Radio spielte, und als die Sieben-Uhr-Nachrichten kamen, verkündete der Sprecher, dass Michael Schumacher als erster Deutscher Formel-1-Weltmeister geworden war.

»Wie viele werden wir sein?« Meine Stimme war ganz rau vor Aufregung.

»Fünfzehn, vielleicht zwanzig.« Papa setzte den Blinker und bog auf die Bundesstraße ab. Es war das erste Mal, dass er mich zu einer Gesellschaftsjagd mitnahm.

Bislang durfte ich nur mit auf den Hochsitz. Dort saßen wir eingehüllt in Decken auf der Bank und starrten in die Dämmerung. Im Herbst zur Brunstzeit hörten wir Rothirsche schreien, im Winter malte unser Atem Wolken in die Luft, im Sommer lag ein rosa Schimmer über Feldern und Wiesen. Meist geschah lange Zeit nichts, und ich liebte diese Stille. Irgendwann spürte ich Papas Hand auf meiner Schulter. Er deutete in die Ferne, und ich folgte der Linie, die sein Finger beschrieb – vor einem Busch stand ein Reh, manchmal auch ein ganzes Rudel, oder ein Wildschwein rieb sich an einer Kiefer, ein Fuchs kreiste um eine Futterstelle. Reglos sah ich zu, wie Papa anlegte, zielte und schoss, und mein Herz klopfte jedes Mal so heftig, dass ich fürchtete, es könnte mich verraten.

Der Regen hatte nachgelassen, als wir auf Onkel Heinrichs Hof in Hüddessum fuhren. Beim Aussteigen schlug mir kalter Wind ins Gesicht, und ich zog die Kapuze über den Kopf. Bonnie sprang aus dem Fond – sofort stürmten andere Hunde auf sie zu und beschnüffelten sie. Auf dem Vorplatz stand eine Gruppe Männer, und Papa begrüßte jeden einzelnen mit Handschlag und Waidmannsheil, auch ich kannte sie, vom Bauernstammtisch, vom Futtermittelhändler und aus den umliegenden Dörfern.

»Josef«, rief ein Mann, den ich nicht kannte, und tippte gegen die breite Krempe seines Huts. »Hast du dir einen persönlichen Assistenten mitgebracht?« Seine Wangen leuchteten vogelbeerenrot.

»Isa geht als Treiberin mit.«

Der Mann musterte mich. »Wie alt bist du?«, fragte er.

»Acht.« Ich streckte die Schultern. Ich hatte lange gequengelt – »Ich nehme dich mit, wenn du die Kondition für einen langen Marsch hast«, hatte Papa jedes Mal geantwortet.

Drinnen in der Diele schmierte Tante Carola Brötchen, es gab heiße Würstchen und Kaffee, die Jäger hatten ihr Pralinen mitgebracht und Blumen, eine Flasche Schnaps. Ein paar ältere Herren schlossen bereits Wetten auf die Beute ab, und am Tisch hockten Kinder, auch mein Cousin Heinrich. Ich setzte mich neben ihn; wir waren gleich alt und die Jüngsten in der Runde.

Nach dem Frühstück erhob sich Onkel Heinrich. Papa setzte sein Jagdhorn an und blies ein Signal.

»Liebe Waidgesellen, willkommen zur diesjährigen Hasenjagd in Hüddessum.« Seine Stimme dröhnte durch die Diele, sein dicker Bauch schien bei jedem Wort zu beben, und sein Haar stand so wild vom Kopf ab wie Papas. »Freigegeben sind Hasen und Füchse, und wie immer treiben wir in zwei Gruppen. Selbstverständlich dürfen nur die Jäger schießen, die einen gültigen Jagdschein haben.« Einige der älteren Herren, die als Treiber mitgehen würden, zogen Warnwesten über ihre Mäntel. »Achtet immer auf euren nächststehenden Schützen – Sicherheit geht vor Jagderfolg!«

»Und wo findet das Schüsseltreiben statt?«, fragte Onkel Heinrichs Nachbar.

Alle lachten.

»Abendessen gibt's hier, mit selbst gemachter Wurst, Schnitzel und Bier!« Papas Bruder griff nach seinem Hut, an dem er bereits das rot-weiße Signalband befestigt hatte: »Waidmannsheil!«

Jemand blies das Signal zum Aufbruch. Stühle schrammten über den Boden, Holzdielen knarrten und Schritte polterten, als die Männer ihre Gewehre und Taschen holten. Sie nahmen die Hunde an die Leine und kletterten auf den Anhänger, den ein Nachbar neben der Einfahrt geparkt hatte. Onkel Heinrich ließ den Trecker an. Der Himmel war immer noch grau, als wir durch die weite, flache Landschaft fuhren. Doch die Sicht war klar.

Im Revier teilten sich Jäger und Treiber in zwei Gruppen. Die Bläser stellten sich in Positur, die linke Hand in der Hüfte, in der rechten das Horn, bliesen sie zur Jagd. Diejenigen, die sich auskannten, liefen voraus, die Gewehre geschultert und mit den Mündungen nach oben. Die anderen folgten mit etwas Abstand übers Feld.

»Du bleibst bei mir, verstanden?« Papa zog seine Mütze tiefer in die Stirn. Ich nickte und rieb meine kalten Ohren.

Auf den Stoppeln lag Raureif, und an manchen Stellen war der aufgeworfene Boden gefroren. Harte Krusten krachten unter unseren Schritten, Eisschichten auf Pfützen splitterten. Wir schwärmten aus und zogen einen weiten Kreis. Die Hunde liefen an der Leine.

»Hier.« Papa bückte sich und hob einen Stock auf, der am Feldrand lag. »Wenn du einen Hasen aufspürst und er noch nicht tot ist, gibst du ihm einen Karnickelfangschlag.«

Ich nickte und nahm den Knüppel. Auch mein Cousin und ein paar andere Treiber hatten sich Stöcke gesucht, und wir hielten uns dicht hinter Papa und Onkel Heinrich.

Als der erste Hase aus einer Grabenböschung schoss, erschrak ich beinahe. Hakenschlagend rannte er ins Innere des Kessels, raste dann wie ein Pfeil auf Onkel Heinrich zu, der riss die Flinte hoch – Schüsse krachten durch die kalte Luft. Der Hase schlug ein Rad. Ich sah zu Papa. Er nickte und ließ Bonnie von der Leine, bellend schoss sie davon. Zwischen alten Maisstoppeln spürte sie eine ausgewachsene Häsin auf. Der Schuss hatte sie in die Brust getroffen, ein kleiner, sauberer Einschuss. Ich packte sie an den Hinterläufen und warf sie mir über die Schulter.

Den ganzen Vormittag scheuchten wir Hasen auf, einmal einen Fuchs. Wir trieben die Tiere aus ihren Verstecken, trieben sie in unsere Mitte, die Jäger schossen, und die Treiber liefen los, und die Hunde apportierten.

»Sie haben einen tüchtigen Sohn«, hörte ich einen Jäger sagen, als ich wieder mit einem toten Hasen angelaufen kam.

Papa lachte, und ich sah den Stolz in seinen Augen blitzen. »Isa ist meine Tochter.«

»Aber …« Der Mann zog die Nase hoch und wischte sich Rotz von der Oberlippe: »Sie hat so kurze Haare.«

Ich verzog das Gesicht.

»Aber nichts für ungut.« Eine feuchte Hand auf meiner Schulter, ein kumpelhaftes Klopfen. »Bist 'n tüchtiges Mädchen. Wirst sicher mal 'ne gute Jägerin.«

»Ja«, sagte ich, warf den Hasen auf den Anhänger und wischte mir Blut und Fellreste von der Jacke. »Sobald ich sechzehn bin, mach' ich meinen Jagdschein.«

Er nickte, zog wieder die Nase hoch und wandte sich um.

Als der Kessel enger wurde und die anderen Jäger und Treiber immer näher kamen, gab Onkel Heinrich Papa ein Zeichen. Er setzte sein Fürst-Pless-Horn an und blies eine kurze Tonfolge.

»Weißt du noch, was das bedeutet?«, fragte er mich, als er das Jagdhorn wieder umhängte.

»Treiber in den Kessel! Ab jetzt darf niemand mehr in den Kessel schießen, nur noch nach draußen.«

»Gut.« Er ließ Bonnie von der Leine, und auch die anderen Jäger schickten ihre Hunde in den Kessel, damit sie die letzten Hasen aufstöberten.

Mittags löffelten wir am Feldrand heiße Erbsensuppe. Der Wind zerrte an unseren Jacken und blies dem Mann mit den vogelbeerenroten Wangen den Hut vom Kopf. Papa gab mir einen Taschenofen – ich fror nicht, war sogar ein wenig verschwitzt vom Laufen, doch mein Gesicht, meine Ohren und meine Finger kribbelten vor Kälte, mein Haar war klamm.

»Guck mal«, sagte Heinrich, mein Cousin, und streckte mir sein Gesicht entgegen. An seinen Wimpern glänzten winzige Eisperlen.

Nacheinander fuhren wir verschiedene Gebiete im Revier an, teilten uns auf, schwärmten aus. In der Ferne sah ich die anderen Jäger, wie schwarze Pfähle standen sie in der grauen Ebene. Kurz bevor es zu dämmern begann, blies Papa das Treiben ab. Alle Jäger entluden ihre Gewehre.

Am Sammelpunkt hatten zwei Treiber die erlegten Hasen mit den Hinterläufen an eine Stange gebunden. Die Jäger nahmen ihre Hüte ab. Sie begannen, Hasen und Füchse zur Strecke zu legen, nach einer genauen Ordnung und mit der rechten Seite auf den Boden, sodass das Herz nach oben zeigte. Jedes zehnte Tier zogen sie eine halbe Länge vor. Ich zählte 72 Hasen und zwei Füchse. Papa und die anderen Bläser stellten sich vor den Tieren auf, die Jäger und Treiber dahinter. Die Hunde zitterten, als die Hörner einsetzten. Einige winselten, und ein Deutsch Drahthaar neben mir knurrte, sein Nackenfell stand hoch wie eine Bürste. Auch mich überlief ein Schauer. Es war ein alter Brauch und eine Geste der Achtung, dass am Ende einer Jagd alle einen Moment lang vor den Tieren innehielten, die sie erlegt hatten.

Die Gesichter der Männer glänzten im matten Licht, ihr Atem malte weiße Wolken in die Luft. Nacheinander bliesen Papa und die anderen die Totsignale, erst ein *Fuchs tot*, dann ein *Hase tot*.

Der Has' ist tot, der Has' ist tot.
Er hat den ganzen Balg voll Schrot.
Der Has' ist tot, der Has' ist tot!

Stumm bewegte ich die Lippen; auch wenn sie selten gesungen wurden, kannte ich die Texte der meisten Jagdsignale auswendig.

Zum Schluss noch ein *Jagd vorbei*.

Dann ein *Halali*.

»Bist du müde?«, fragte Papa, als wir uns zum Schüsseltreiben setzten. Es roch nach Braten mit Soße, nach Schnitzeln und Zungenragout. Tante Carola und ihre Mutter tischten Schüsseln voller Klöße auf, Kartoffeln, Gemüse und Selleriesalat, und mein Onkel und zwei andere Jäger schleppten Platten voller Würste, Bier und Rotwein herein.

»Kein bisschen«, antwortete ich und schmiegte mich eng an Papas Schulter. Mir war heiß, mein Gesicht glühte, und ich war ungeheuer stolz, dass ich bei meiner allerersten Gesellschaftsjagd beinahe zehn Hasen zur Sammelstelle getragen hatte.

Zu Hause lief ich sofort in die Küche.

»Die hab' ich getragen!« Meine Stimme knisterte, als hätte ich einen Sechzehnender erlegt.

»Waidmannsheil«, sagte Mama und nahm die Hasen. »Gut gemacht!«

Nebenan im Wohnzimmer spielte meine Schwester mit ihren Puppen, zog ihnen verschiedene Kleider an, kämmte ihre Haare mit kleinen rosafarbenen Kämmen und bekochte sie in ihrer Puppenküche. Ich rollte mit den Augen. Puppen!

Einmal hatte ich einer Puppe die Haare geschnitten, bis sie so kurz waren wie meine. Warum spielte Flora nie mit dem Playmobil-Fort? Papa hatte sogar

Westernpferde gekauft, gescheckte Appaloosas und riesige Quarter Horses.

Als Spielkameradin war meine kleine Schwester einfach sturzlangweilig.

5.

Meine Eltern hatten sich an einem Spätsommernachmittag beim Getreidehändler kennengelernt.

Mein Vater, der damals noch nicht ahnte, dass er mein Vater werden würde, stand mit seinem Traktor und einem Anhänger voller Weizen in der Warteschlange vor der Waage. Er döste vor sich hin, als vor ihm ein Mädchen vom Trecker stieg und sich die Beine vertrat. Plötzlich war er blitzwach.

»Hallo«, sagte er und kletterte aus seinem Führerhaus.

Das Mädchen errötete: »Hallo.«

Ist die hübsch!, dachte er.

Was für schöne Augen er hat!, dachte sie.

»Habt ihr 'ne gute Ernte eingefahren?«

Ein stummes Nicken.

Sie ist wohl schüchtern, dachte er, ich mach' ihr mal ein Kompliment. »Du kannst wirklich gut Trecker fahren«, sagte er.

Wieder errötete sie.

»Wirklich, so wie du hier rangiert hast – sehr geschickt!«

»Ich studiere Landwirtschaft.«

»Oh.« Er schluckte. Er war nach der neunten Klasse von der Schule abgegangen, alles, was er konnte, hatte er von seinem Vater gelernt. Schon als kleiner Junge hatte er mit dem Gespann gepflügt, seine Beine gegen den Bauch des Pferds gepresst, die Hände in die Mähne gekrallt und zwischen den Ohren hindurchgepeilt, immer auf die Spitze des Kirchturms zu, damit die Furchen gerade gerieten. Er war ein Praktiker.

Sie unterhielten sich noch eine Weile, und als Sylvia Hilgendorf an diesem Nachmittag wieder auf ihren John-Deere-Traktor stieg und fortfuhr, sah Josef Aue ihr nach. So ein hübsches und patentes Mädchen, dachte er, so klug und gebildet – die kann bestimmt auch gut schreiben und versteht sich auf den ganzen Papierkram, auf Buchführungsprogramme und Umsatzsteuervoranmeldungen, auf Agrardiesel- und Flächenanträge und EU-Verordnungen zur Qualitätsregelung. Mit ihr an der Seite könnte aus seinem Hof ein blühendes Unternehmen werden.

»Die ist noch zu haben«, sagte einer der Bauern, die hinter ihm warteten. »Wohnt in Klein Düngen und reitet immer mit ihrem Schimmel durch die Felder.«

Ein paar Tage später lud mein zukünftiger Vater meine zukünftige Mutter zu einem Ausritt ein. Bald ritten sie regelmäßig durch die Hildesheimer Börde.

Die ist es!, dachte er.

Ein Bauer und Jäger!, dachte sie, der wär's!

Zwar war Groß Düngen nicht die Welt, und eigentlich wollte Sylvia nach dem Studium als Naturschützerin nach Kanada gehen, doch dann zog sie mit Josef zusammen. Ein Jahr lebten sie in wilder Ehe (was meinen streng katholischen Onkel Heinrich ziemlich aufregte, was wiederum Papa sehr amüsierte). An einem Tag im Mai 1984 heirateten sie, erst standesamtlich, dann kirchlich, mit Aufgebot, Brautstrauß und rauschendem Fest. Ich wurde geboren, meine Schwester kam zur Welt, und meine überglücklichen Eltern machten Ausflüge mit uns und Picknicks, wir fuhren zelten und zum Eseltreffen nach Bad Grund, wir gingen mit den Pferden in der Innerste baden, und jeden Sommer verreisten wir, meist an die Nordsee oder in die Berge. Wir lebten wie im Paradies.

Bis die Pubertät begann.

Plötzlich wollten alle Mädchen in meiner Klasse Friseurin werden, Kosmetikerin oder Verkäuferin bei H&M. Ich schlachtete Hühner, sie lackierten sich die Fingernägel. Ich schwärmte für Traktoren, sie für Boygroups. Ich züchtete Ziegen und Schweine, sie hielten allenfalls ein Zwergkaninchen (obwohl davon niemand satt wurde). Bislang hatten sie mich beneidet, weil ihre Väter Heizungsbauer waren oder Elektriker oder jeden Tag nach Hildesheim oder Hannover in ein Büro fuhren und dort langweilige Dinge taten. Sie waren gern zu uns gekommen, und wir waren Kutsche gefahren oder ritten auf dem Pony in den Wald, wir krochen durchs Stroh und liefen auf Stelzen durch den Obstgarten, wir halfen bei der Rübenernte und spielten in unserem ausrangierten VW-Bus.

Nun standen sie auf dem Schulhof und redeten über Computerspiele, Musik und Klamotten. Sie gingen auf

Partys und ließen sich von pickeligen Jungs küssen. Sie fuhren in die Stadt und saßen in Cafés, Bars und Lounges herum. Sie lasen die *Bravo* und tuschelten über Dinge, die ich längst wusste: Brachte ich den Bock zur Häsin, sah es lustig aus, einen Monat später kamen kleine Hasenbabys. Was sollte ich von Dr. Sommer und Dr. Korff schon Neues lernen?

»Hier riecht's komisch«, sagten manche, wenn ich vorüberging.

»Und schaut euch ihre Schuhe an! Und diese Hose!«

»Ob die schon mal einer geküsst hat?«

Sie lachten, und mir wurde heiß.

»Lass dich nicht ärgern«, tröstete Mama.

»Friseusen«, schimpfte Papa. »Die verdienen doch nichts!«

Doch ich war unglücklich. Ich wollte auch nicht länger aussehen wie ein Junge und bat Mama, mir Röcke und Kleider zu kaufen; im Stall und auf dem Feld waren sie vollkommen unpraktisch, aber in der Schule trug ich sie. Und ich beschloss, meine Haare wachsen zu lassen; sogar Papa zog mich inzwischen manchmal wegen meiner Jungsfrisur auf.

»Lange Haare sind doch hübsch!«, sagte er.

»Sie sind unpraktisch«, hatte ich bisher geantwortet. »Man muss sie kämmen und waschen, im Sommer schwitzt man, bei Regen hängen sie einem im Gesicht!«

»Trotzdem sehen Mädchen mit langen Haaren hübsch aus.«

Ich rollte mit den Augen – platzte er nicht jedes Mal vor Stolz, wenn beim Bauernstammtisch jemand sagte:

»Mensch, Josef, deine Isa, die schießt und schlachtet wie ein Kerl!«

»Lange Haare sehen hübsch aus!«, beharrte Papa.

Trotzdem griff er eine Weile später, als meine Haare schon ein ganzes Stück gewachsen waren, zum Messer. Wir schlachteten wieder Gänse – Papa köpfte, ich brühte, er steckte sie in die Rupfmaschine, ich schnitt ihnen Beine, Flügel, Hälse ab, er schlitzte sie auf, ich nahm sie aus. Meine Haare, kinnlang und glatt wie Spaghetti, rutschten mir ins Gesicht, als ich Gans Nr. 30 den Kropf abschnitt. Ohne die Gans loszulassen, wischte ich sie mit der Schulter beiseite – im nächsten Augenblick packte Papa sein Schlachtermesser und säbelte mir die Sicht frei.

»Nein!«

»Du siehst nichts mehr!«

»Aber …«

Am Tag darauf versuchte eine Friseurin zu retten, was zu retten war. »Sie wachsen nach«, versuchte sie mich zu trösten.

Als meine Haare endlich schulterlang waren, fing ich an, mich wohler zu fühlen. Endlich sah ich aus wie die anderen Mädchen – auch wenn ich nicht so war wie sie. Nicht einmal mit meiner eigenen Schwester hatte ich viel gemein. Flora hockte in der warmen Stube, streichelte unsere Katze und lernte für die Schule – ich stapfte mit dem Hund durch Matsch und Wind und übte Zielschießen mit meinem Luftgewehr. Sie ekelte sich vor abgezogenen Kaninchen, ich schleifte einen erlegten Eber nach Hause. Sie lernte Dressurreiten, ich lernte Trecker fahren. Als mir Papa ein Frettchen kaufte, hob ich im Garten eine unterirdische Tunnelanlage aus und richtete es zur Kaninchenjagd ab. Als er mir einen Beagle schenkte, legte ich Fährten und bildete ihn zum Jagdhund aus. Sollte ich in der Schule ein Referat halten, sprach ich über *Artgerechte Nutztierhaltung* oder *Landwirtschaft früher*. Für den Projektunterricht schnitt ich Fotos und Artikel aus der *Land und Forst* aus und klebte sie in meine Mappe, im Deutschunterricht schrieb ich Hausarbeiten über Honigbienen, Jagdhundrassen oder Biosphärenreservate. *Isabell hat mit großer Hingabe zu ihrem Thema gearbeitet*, notierten die Lehrerinnen.

In der neunten Klasse sollten wir ein Praktikum zur beruflichen Orientierung machen. »Was wollt ihr werden?«, fragten die Lehrer.

»Friseurin!«, riefen die Mädchen.

»Kosmetikerin!«

»Stewardess!«

»Kauffrau!«

»Verkäuferin bei H&M!«

Mich schauderte. Ich wollte keine Dauerwellen legen, ich wollte keine Pickel ausdrücken, und erst recht wollte ich mein Leben nicht in einem Kaufhaus zwischen Kleiderständern voller Klamotten verschwenden.

Ich wollte Landwirtin werden.

Ich wollte ein Praktikum auf einem Bauernhof machen.

6.

Die Stimme klang kratzig und ein bisschen knarrend, die Wörter kamen langsam, fast abgehackt: »Wie alt … bist du?«

»Vierzehn.«

Rauschen in der Leitung. Stille. Schließlich ein Räuspern. »Warum will ein vierzehnjähriges Mädchen ein Praktikum als Fischer machen?«

»Weil ich Landwirtin werden will, mich auf einem Hof schon ganz gut auskenne und etwas Neues lernen möchte, das auch mit Tieren und Natur zu tun hat.« Ich bemühte mich, meine Stimme bestimmt klingen zu lassen. »Ich habe auch einen Fischereischein.«

Ein halbes Jahr zuvor hatte ich mich im Angelverein angemeldet, hatte alles über allgemeine und spezielle Fischkunde gelernt, über Geräte-, Gewässer- und Gesetzeskunde, hatte Spinnruten zum Fangen von Hechten und Barschen, Fliegenruten zum Fangen von Forellen und Grundruten zum Fangen von Aalen zusammengebaut und kurz nach meinem vierzehnten Geburtstag, dem offiziellen Mindestalter, meinen Angelschein bekommen. Im Kurs war noch ein Mädchen, Annika, sie war erst dreizehn und durfte trotz bestandener Prüfung nur unter Aufsicht angeln, dabei war sie sehr erfahren, weil sie oft mit ihrem Vater geangelt hatte. Wir freundeten uns an und fischten gemeinsam – ich beaufsichtigte sie, und sie brachte mir alle Tricks und Kniffe bei, die ich kennen musste.

»Hol den Blinker gleich wieder ein, sonst verfängt sich der Haken am Grund.« Wir standen am Ufer der Innerste, die an dieser Stelle nur knapp einen Meter tief war, und blinkerten auf Barsch, Döbel und Bachforelle. Ich holte aus. Ein helles Zischen in der Luft, ein zartes Platschen, als der Blinker auf die Wasseroberfläche traf. Dann wieder Stille. Nebeneinander hockten wir im Schatten einer Weide, sahen aufs Wasser und warteten. Bonnie lag neben mir im Gras und hechelte.

Annika zog ihre Leine ein, sie kurbelte, und als der Blinker begann, sich um die eigene Achse zu drehen, gab sie sofort ein wenig nach. Ihre Züge spannten sich.

Ein Barsch? Eine Bachforelle? Ich sprang auf und griff nach meinem Messer.

»Nein«, sagte Annika und kurbelte.

Ich zog das Messer aus der Scheide.

»Nein«, sagte Annika.

»Aber …« Ich wollte ihr helfen, und genau genommen durfte sie den Fisch auch gar nicht selbst vom Haken lösen, ohne Angelschein durfte sie gerade einmal eine Angel halten.

»Nein, das mache ich selbst!« Mit geübtem Griff löste Annika den Barsch vom Haken und griff nach meinem Messer.

»Au!« Ein brennender Schmerz.

Annika schlug dem zappelnden Fisch auf den Kopf. »Tut mir leid. Ist es schlimm?«

Ich biss die Zähne zusammen und schüttelte den Kopf – ein drei Zentimeter langer, blutiger Schnitt zog sich unterhalb meines Zeigefingers über den Handballen. Annika tauchte den betäubten Fisch ins Wasser, sein Maul stand offen, die Kiemen bebten, er zitterte. Sie hob die Kiemendeckel und durchtrennte die Kiemenbögen. Das Wasser färbte sich rot.

»Pinkel auf die Wunde, das desinfiziert!«

Ich sah sie an – das hätte auch Papa sagen können.

Sie zuckte mit den Schultern, schlitzte den Barsch der Länge nach auf und nahm ihn aus. Ich leckte Blut von der Wunde und suchte in unserer Angelkiste nach einem Taschentuch. Mit einer Hand wickelte ich es um Ballen und Zeigefinger und zurrte es mit einem Stück Angelschnur fest. Später endeten dann unsere Angelausflüge, weil wir umzogen.

Die Stimme im Hörer knarrte. Noch ein kratziges Räuspern: »Ein Mädchen als Fischer? Ist schon ungewöhnlich.«

Ich schwieg und wartete.

»Aber …«, sagte die Stimme nach einer scheinbar endlosen Pause: »Meinetwegen.«

Montagmorgen stand ich pünktlich am Eingang zur Fischerei. Frühes Sonnenlicht fiel auf die Teiche und Bassins, überall glitzerte und funkelte es. Zwei Männer fütterten Forellen, und Hunderte Fische drängten sich in den Strudeln, sprangen und glitschten umeinander, ihre schlanken, nassen Körper schillerten.

»Wir züchten Forellen, Karpfen und Aale, außerdem Barsche und Wollhandkrabben«, sagte der Fischer. Er war jünger, als ich gedacht hatte, trug einen grünen Pullover, hatte kurze, strubbelige Haare und sprach viel schneller als am Telefon.

»Ich dachte, Sie fischen hauptsächlich in der Elbe.«

Er lachte: »Davon kann kein Fischer mehr leben. Der Fluss hat sich zwar erholt und ist so sauber wie lange nicht, aber die Fischbestände sind zu klein.« Er hob einen Kescher auf, der im Gras lag. »Es gibt Hilfsprogramme, aber das dauert, bis die greifen. Weil die Leute trotzdem Fisch essen wollen, züchten und mästen wir hier einige Sorten.«

Vor einem Bassin blieb er stehen. Er bückte sich und packte mit geschicktem Griff eine handtellergroße olivgrüne Krabbe, die am Rand in der Sonne lag. Sie ruderte mit den Beinen. Ihre Scheren schnappten.

»Schon mal gesehen?«

Ich nickte: »Beim Fischen, die sind wie Ungeziefer und beißen die Köder von den Angeln.«

»Ungeziefer!« Er lachte und drehte das Tier auf den Rücken; sein Bauch war hell, wie sonnengebleicht. »Wollhandkrabben kommen aus China. Sie wurden Anfang des vergangenen Jahrhunderts in Europa eingeschleppt, vermehren sich rasant und gelten in asiatischen Restaurants als Delikatesse.«

»Mhhh.« Ich starrte auf die umherrudernden Beine, die pelzigen Scheren. »Ein Schnitzel ist mir lieber.«

Er lachte wieder und warf die Krabbe ins Bassin. Das Wasser war klar, und über den Grund wuselten Hunderte Tiere, vielleicht Tausende. Etwas abseits entdeckte ich eine Krabbe, deren Panzer nicht grün war, sondern dunkelviolett glänzte.

»Ein schwarzes Schaf?« Der Fischer wischte sich die Hände an den Hosen ab.

»Zumindest ist sie ganz schön groß, geradezu riesig.«

»Komm«, sagte er und fuhr sich mit der Hand durch sein Strubbelhaar. »Ich zeige dir den Verkaufsraum. Da kannst du dich ein bisschen nützlich machen.«

In den folgenden drei Wochen lernte ich viel über Aufzucht und Pflege von Beständen, über Laichplätze, Fischwanderung und Gewässerschutz. Ich lernte zu räuchern und fachgerecht zu filetieren. Ich fuhr mit zu den Seen, die der Fischer bewirtschaftete, und begleitete ihn auf eine Fischfarm, wo in großen Hallen unzählige Sorten Brutfische verkauft wurden. Ich half, Mastteiche und Forellenbassins abzufischen. Ich fuhr mit zum Elektrofischen.

»Elektrofischen?«

Er sah mein Gesicht und lachte: »Keine Sorge, das ist nicht wie bei Karl May.« Er legte zwei Kescher ins Boot und ein Gerät, aus dem Kabel ragten wie Tentakel. »Wir werfen kein Dynamit in die Elbe, und im nächsten Augenblick schwimmen alle Fische mit den Bäuchen nach oben.«

»Und warum fangen Sie sie nicht mit Netzen?

»Netze können die Schuppen verletzen, dann bilden sich leicht Pilzinfektionen.« Er reichte mir die Hand, und ich kletterte ins Boot. »Beim Elektrofischen betäuben wir die Fische durch eine geringe elektrische Spannung. Wir fangen und untersuchen sie, weil wir die Bestände bewerten und regulieren müssen.« Er ließ den Motor an. »Später setzen wir sie wieder aus, und sie schwimmen weiter, als wäre nichts gewesen.« Zwei andere Fischer stießen ein weiteres Boot vom Ufer ab. »Für Hobbyangler ist E-Fischen allerdings strengstens verboten!«

Wir fuhren hinaus zur Flussmitte und hielten eine Weile Kurs stromabwärts. An einer sandigen Uferstelle entdeckte ich Fischotter. Ein Schwarm Graugänse trieb nahe dem Ufer, und Störche flogen über uns hinweg. An einer Stelle, an der die Elbe eine Kurve beschrieb, ankerten wir – weit abseits der Fahrrinne. Der Fischer befestigte zwei Tentakelkabel am Kescher und tauchte ihn ins graue Wasser.

»Wenn ich diesen Knopf drücke, schließt sich der Stromkreis.«

Es dauert nicht lange, und mehrere Hechte und ein paar Döbel trieben an die Oberfläche. Die Männer fischten sie ab. Sie vermaßen sie, notierten Größe und Gewicht in Tabellen. Dann warfen sie sie über Bord, und tatsächlich schwammen die Fische davon, als wäre nichts geschehen.

»Du packst ordentlich mit an«, sagte der Fischer, als wir am Nachmittag die Boote vertäuten. »Bist dir für nichts zu fein, was?«

»Ich mach's gern.« Ich zuckte mit den Schultern. »Außerdem sagt mein Vater immer: ›Man muss die Arbeit nicht nur sehen, man muss auch anpacken‹.«

Er lachte und streifte die Träger seiner Gummihosen von den Schultern.

Jeden Abend, bevor ich nach Hause fuhr, ging ich noch einmal hinunter zum Krabbenbassin und suchte die violett glänzende Krabbe. In der zweiten Woche überwand ich mich und fischte sie aus dem Wasser. Ihr Panzer war hart und ein wenig glitschig. Ich betrachtete sie genau; es war ein Männchen, denn – auch das hatte ich gelernt – die Behaarung an seinen Scheren war sehr ausgeprägt.

»Die gefällt dir, was?«

»Karlchen ist wirklich beeindruckend.«

»Karlchen?« Der Fischer grinste. Seine Haare waren nass, und auf seinen Brillengläsern glänzten Wassertropfen.

»Ja, ich hab sie Karlchen getauft.«

Karlchen ruderte mit den Beinen, und ich warf ihn zurück ins Wasser.

Am letzten Tag meines Praktikums winkten mich meine Kollegen in den Verkaufsraum. »Guck mal in den Räucherschrank, Isabell«, sagten sie.

Ich öffnete die Luke und spähte hinein – drinnen lag eine Handvoll in Alufolie eingewickelter Päckchen.

»Wollhandkrabben«, sagte der Chef. »Die große in der Mitte ist deine Lieblingskrabbe.«

»Karlchen?« Ich erschrak.

»Je größer, je besser!« Die Männer leckten sich die Lippen. »Wir schenken sie dir zum Abschied.«

»Da … danke.« Ich schluckte. »Das ist ja nett, aber …« Ich starrte auf das silbern schimmernde Päckchen und spürte, wie meine Stimme brüchig wurde. »Aber warum Karlchen … ihr könnt doch mein Karlchen nicht räuchern …«

»Ich glaube …«, sagte der Chef und stieß seine Kollegen in die Seite. »Ich glaube, Karlchen ist jetzt fertig.« Er reichte mir eine Schaufel. »Du kannst ihn rausholen.«

Mit spitzen Fingern entfernte ich die Folie – und fand einen Stein.

Alle lachten, und ich verdrückte ein paar Freudentränen. Natürlich waren Hühner, Kaninchen, Schweine oder Fische Nutztiere, doch manchmal verlor ich trotzdem mein Herz – sogar an eine behaarte Krabbe!

7.

Ein unbestimmtes Geräusch weckte mich, und es dauerte einen Moment, bis ich begriff, wo ich war. Ich sah auf die Uhr: Ich hatte höchstens zwei Stunden geschlafen.

Ondra lag neben mir. Ihr Leib zuckte, und ihr Atem ging schwer. Nebenan schnarchte Kara, die schwarze Stute, die Papa in Polen gekauft hatte, eine Bestie, die alle biss, doch wenn Mama sie vor die Kutsche spannte, war sie brav wie ein Lamm. In der anderen Box fraß Hella, die Schimmelstute, auf der Mama zu ihren Rendezvous mit Papa geritten war, ihre schweren Kiefer mahlten wie Mühlsteine. Ich schob den Schlafsack zurück und setzte mich auf; seit vier Nächten hielt ich Fohlenwache, inzwischen kannte ich alle Geräusche im Stall.

Ich kroch zu Ondra und strich ihre Mähne zur Seite. Sie schnaufte. Zu meinem fünften Geburtstag hatte Papa Rambo gekauft, ein Shetlandpony, das so dick war, dass kein Sattelgurt um seinen Bauch passte, und das umfiel, wenn ich es reiten wollte. Wir verkauften es wieder, und zur Kommunion bekam ich ein neues Pferd.

»Ein Stoffpferd?!?«

»Freust du dich?« Papa stand im Flur, sein Gesicht leuchtete wie frisch geschrubbt.

»A … aber …« Ich schnappte nach Luft und schluckte, ich verschluckte mich beinahe an meiner Enttäuschung. »Aber ich wollte ein *richtiges* Pferd!«

Ich spürte, wie mir die Tränen kamen.

»Sieh es dir doch mal genau an«, sagte Papa und strich dem Pony, das kaum größer war als ein Lamm, über den Hals.

Widerwillig stieg ich die Stufen hinab. Das dumme Plüschpony reichte mir kaum bis zur Hüfte.

Plötzlich bewegte es sich.

»Es lebt!«

Das Plüschpferd war ein strubbeliges Minipony, und ich nannte es Mary. Als Mary alt genug war, ließen wir einen Miniponyhengst kommen, elf Monate später sah ich, als ich zufällig aus dem Fenster schaute, wie sie hinterm Haus ein Miniponyfohlen zur Welt brachte. Im vergangenen Jahr, zu meinem dreizehnten Geburtstag, hatte ich dann ein größeres Pferd bekommen, Ondra, eine schwarz-weiß gescheckte Lewitzer Stute.

Ihr Fell war jetzt schweißnass. Am Vorabend hatte ich noch einmal die Temperatur gemessen – 37,3 Grad.

»Dann kommt das Fohlen in den nächsten 24 Stunden«, sagte Papa, und ich hatte einen Eimer mit sauberem Wasser und Seife bereitgestellt und Ondras Schweif bandagiert.

Ich streichelte ihre Stirn: »Das schaffst du, meine Gute.«

Sie sah mich an, mit glänzenden Augen und waidwundem Blick. Seit Tagen lief sie müde und mit tief hängendem Bauch umher, legte sich hin und rappelte sich wieder auf, fraß kaum, und wenn sie soff, tat sie es so langsam, als würde sogar das sie über alle Maßen anstrengen. Sie nieste. Nebenan in der Nachbarbox trat Kara im Schlaf gegen die Wand. Ondra riss ihr Maul auf und bleckte die Zähne. Es war nicht ihr erstes Fohlen, doch es war das erste Mal, dass mich Papa allein bei einer fohlenden Stute wachen ließ.

»Es kann immer was passieren.« Er hatte die Nummer des Tierarztes in sein Handy getippt und es mir gegeben. »Traust du dir das wirklich zu?«

Ich nickte. Ich hatte schon Ziegen und Ferkel zur Welt gebracht, und ich war praktisch veranlagt.

»Aber sobald es losgeht, holst du mich, verstanden?«

Ich versprach es.

Wieder trat Kara gegen die Wand. Wieder bleckte Ondra die Zähne. Sie ächzte, und ich wischte mit etwas Stroh über ihren nass geschwitzten Hals. Auch mein Körper fühlte sich schwer an, um sechs Uhr früh war ich aufgestanden und hatte die Tiere gefüttert, nach der Schule hatte ich Papa bei der Ernte geholfen. Mit dem Vollroder fuhr er die Rüben ein, während ich die riesigen Haufen am Feldrand mit der Forke zusammenhielt und abdeckte.

Wieder knallte ein Huf gegen die Wand.

Ich tastete durchs Stroh und suchte die Thermosflasche. Kurz vor Mitternacht hatte ich zur Toilette gemusst und war, um niemanden zu wecken, in den Garten gegangen. Anna-Hund lief mir nach. Mit halb geschlossenen Augen hockte ich im Gras und streckte die Hand aus. Als ich das Fell der Hündin spürte, zuckte ich zurück – ich hatte mich noch immer nicht daran gewöhnt, dass Bonnie nicht mehr bei uns war; Papa hatte sie erschossen, weil sie eine Hüftdysplasie hatte und kaum noch laufen konnte, und ich vermisste sie sehr.

Wieder im Stall, war ich in einen unruhigen Dämmerschlaf gefallen. Ich träumte von Willi Kreye, dem Schäfer in Groß Düngen. Ich hatte ihn oft besucht, wenn ich durch die Wälder und Wiesen hinter unserem Hof geritten war. Er züchtete Kaninchen und Wellensittiche und freute sich, wenn ich ihm Gesellschaft leistete. Gemeinsam saßen wir im Gras und sahen seiner Herde zu. Er erklärte mir, warum ein Schaf humpelte (es hat die Moderhinke) und wie viele Lämmer ein anderes geboren hatte (Drillinge!). Er erklärte, welche Rassen er hielt (Schwarz- und Weißkopfschafe, Merinos und ein paar Bergschafe) und wie lange es dauerte, bis ein Schaf geschlachtet werden konnte (vier Monate, wenn die Lämmer Kraftfutter bekamen, sechs Monate, wenn sie auf der Weide grasten). Nur wenn ich ihn über seinen Hütehund ausfragte, tat Willi geheimnisvoll; Prinz war ein ausgezeichneter Hütehund, und er war stolz auf ihn, doch wie genau er ihn ausgebildet hatte, wollte er mir nicht verraten.

Mitten in diesem Traum hatte mich dann ein Geräusch geweckt.

Ich rieb mir den Schlaf aus den Augen und lehnte mich an einen Strohballen. Einen Moment war mir schwindelig, so schnell war ich hochgefahren. Ich trank etwas Tee. Dann kroch ich zu meiner Stute, schob mich um sie herum – und wäre beinahe in einen Haufen Mist getappt. Ondra hatte geäpfelt. Also hatten die Wehen begonnen. Mein Herz klopfte. Das Stroh unter meinen Händen war nass, und etwas Helles schimmerte im Halbdunkel. Langsam, als wäre mein Gehirn voller Blei, begriff ich, dass Ondras Fruchtblase geplatzt war.

Ich sprang auf und lief über den Hof ins Haus.

»Das Fohlen kommt!«

Papa brummte und zog sich die Decke über die Ohren.

»Papa!« Ich rüttelte ihn. Mama wachte auf, und ich sammelte Papas Hose vom Boden, die Socken, einen Pullover.

Papa gähnte.

»Beeil dich!«

»Immer mit der Ruhe«, murmelte er.

»Aber Ondras Fruchtblase ist geplatzt!«

»Immer mit der Ruhe.« Er streckte sich und schob die Decke zurück. Mit vom Schlaf verquollenen Augen zog er sich an und stapfte gähnend die Treppe hinunter. In der Küche suchte er nach seiner Jacke, kramte in einem Schrank.

»Papaaa! Ich hab' sogar schon einen Huf gesehen!«

Er nahm Äpfel aus der Schale auf dem Tisch und schob sie in seine Jackentasche. »Gut, gehen wir.«

Im Stall hatte sich Ondra aufgerappelt, keuchend stand sie in der Box, ihr Fell glänzte am ganzen Körper. Neben ihr im Stroh lag ein Fohlen.

»Na, hat doch prima geklappt!«, sagte Papa.

»So schnell?« Ich spürte ein Ziehen in der Brust, eine helle Freude und Erleichterung und zugleich Enttäuschung – ich wäre so furchtbar gern bei der Geburt dabei gewesen.

»Wenn das Fohlen falsch liegt, muss man eingreifen, ansonsten flutscht es von allein raus.« Papa gähnte und strich sich die Haare aus dem Gesicht.

Das Füllen zitterte, und Ondra leckte Reste der Eihülle von seinem Fell. Ich bückte mich, nahm etwas Stroh und wischte ihm Schleim aus den Nüstern. Das Fohlen war braun-weiß gescheckt, hatte eine etwas schiefe Blesse im Gesicht und seltsam große Ohren. Die Nabelschnur war bereits gerissen, und Papa zog eine Flasche aus seiner Jackentasche, um den Nabelstumpf zu desinfizieren. Nebenan scharrten Kara und Hella mit den Hufen; sie spürten, dass etwas Ungewöhnliches geschah, und waren neugierig.

Ondra stupste ihr Kleines. Es schüttelte sich, und nach einer Weile versuchte es aufzustehen. Seine Beine sackten weg wie bei einem betrunkenen Matrosen. Irritiert sah das Fohlen zu seiner Mutter. Sie stupste es erneut, und als es schließlich stand, schnaubte es, als wollte es sagen: *geschafft!*

Seine dünnen Beine waren so lang, dass es mit der Schnauze kaum den Boden berührte. Als eine Fliege um seine Nüstern surrte und es nach ihr schnappen wollte, wäre es beinahe wieder umgefallen. Geduldig dirigierte Ondra ihr Fohlen durchs Stroh, bis es ihre Zitzen fand und gierig saugte. Auch die Stute hatte Durst und stampfte und reckte den Hals, und ich ging und holte frisches Wasser. Dann mistete ich die Box aus und streute neu ein.

»Wir müssen warten, bis die Nachgeburt kommt«, sagte Papa und setzte sich auf einen Strohballen. Er reichte mir einen Apfel und schraubte die Thermosflasche auf.

Ich hockte mich neben ihn, trank einen Schluck und spürte, wie der heiße Tee durch meinen Körper strömte. Ich war todmüde und aufgewühlt, und mit einem Mal hatte ich großen Hunger.

»Wie nennen wir es?«

»Sternchen«, sagte ich und biss in den Apfel.

»Komischer Name für ein Pferd.«

Kauend saßen wir im Stroh, die Köpfe an die Stallwand gelehnt, und schauten dem Fohlen zu. Es stakste umher, soff ab und zu, und irgendwann drückte es seinen ersten Pferdeapfel heraus.

»Das ist gut.« Papa wischte sich mit dem Handrücken über die Lippen. »So geht das Darmpech raus.« Er trank den Tee aus. »Weißt du, was das ist?«

»Der Kot, der sich bereits im Mutterleib in seinem Darm gesammelt hat.« Ich war zu überwältigt, um ihm böse zu sein für die seine dumme Frage.

Draußen dämmerte es, und der Hahn krähte, als sich das Fohlen ins Stroh legte. Kurz darauf fielen ihm die Augen zu. Papa lachte: »War doch 'ne anstrengende Sache, was, Sternchen?«

Ich kroch in meinen Schlafsack.

»Schläfst du hier?«

Ich nickte: »Ich möchte bei ihnen bleiben.«

»Gut.«

Ich hörte, wie Papa die Stalltür hinter sich schloss. Eine Weile lauschte ich Sternchens Atem, der gleichmäßig strömte, während Ondra immer wieder sein Fell leckte. Ein Gefühl tiefen Friedens breitete sich in meinem Körper aus – und auch ein bisschen Stolz, als hätte ich selbst zu diesem wunderbaren Ereignis beigetragen.

Dann schlief ich ein.

8.

Seit Längerem hatten meine Eltern nach einem neuen Hof gesucht, denn unsere Ländereien waren schwierig zu bewirtschaften und vor allem kaum noch zu erweitern. Die Stadt kroch immer weiter ins Umland. Immer mehr Ackerland wurde als Bauland ausgewiesen. In die Neubaugebiete zogen Städter, die schimpften, wenn der Hahn krähte. Sie erstatteten Anzeige, wenn ein Pferdeapfel auf der Hauptstraße lag oder ein Traktor auf dem Weg vom Feld zum Hof Erdkrumen auf dem Straßenbelag hinterließ. In einem Jahr wusch starker Regen die Erde aus und spülte bereits gesäte Rübensamen in ihre Gärten – panisch brachten sie ihre Kinder in Sicherheit vor den kleinen roten Kügelchen und der drohenden Giftkatastrophe. Im Jahr darauf pflügte Papa einmal bis in die Nacht hinein. Um zwei Uhr fuhr die Polizei am Feldrand vor.

»Glauben Sie nicht, dass ich nicht auch lieber schlafen würde?«, schimpfte er, und Bonnie, die neben ihm im Führerhäuschen hockte, knurrte. »Aber der Wetterbericht sagt Regen voraus, und wenn dieser lehmige Boden hier morgen voll Wasser steht, kann ich tagelang nicht mit schwerem Gerät aufs Feld fahren. Dann kann ich nicht pünktlich aussähen. Dann ist eine ganze Ernte futsch!«

Trotzdem sollte Papa 1.000 Euro Strafe zahlen.

Seit der Wende begutachtete Mama auch LPGs in Mecklenburg-Vorpommern. »Aber da drüben ist alles grau«, sagte sie. »Da will ich nicht hin.«

Trotzdem sahen sie sich einen Hof in der Nähe von Ludwigslust an. Kurz vor Vertragsabschluss stellte sich heraus, dass der Besitzer verschwiegen hatte, dass die zum Hof gehörenden Jagdreviere langfristig verpachtet waren – verärgert brach Papa die Verhandlungen ab. Auf dem Nachhauseweg machte er einen Abstecher ins Wendland. Die unberührte Natur gefiel meinen Eltern, die weiten Wiesen und Felder, die sich bis zum Horizont zogen, die Birkenalleen und Kiefernwälder, die Elbtalauen mit ihren Kanälen und Gräben. Wahllos folgten sie Wegen und Straßen und kamen nach Prezelle. Eine Allee führte schnurgerade durchs Dorf, und zu beiden Straßenseiten lagen, friedlich und wie aus der Zeit gefallen, Backsteinhäuser und Höfe. Sie fuhren weiter und landeten in Lomitz. Am Tor eines Hofs hing ein Schild mit der Telefonnummer eines Immobilienmaklers …

Im Sommer 2000 zogen wir mit Treckern, Pflug, Sämaschine und Kutschen, mit Pferden, Schweinen und Hunden, mit Hühnern, Karnickeln, mit Hunderten Kartons und unzähligen Gerätschaften ins Wendland nach Prezelle-Lomitz.

Das Leben in Lomitz war wie ein langer, gemächlicher Fluss. Im Dorf gab es eine Handvoll Bauernhöfe und ein öffentliches Gefrierhaus. Es gab einen Briefkasten, eine

Kirche und einen Quartalssäufer. Bis zum nächsten Supermarkt waren es neun Kilometer, zur nächsten Kneipe dreizehn, und Lüneburg, die nächste halbwegs größere Stadt, lag eine gefühlte Tagesreise entfernt.

Anders als in Groß Düngen, wo einem stets der verführerische Duft der nahen Metropole Hildesheim entgegenwehte, waren die Menschen in Lomitz bodenständig und hatten einen gesunden Sinn für die Realitäten des Lebens. In Hildesheim hatten meine Klassenkameradinnen die Näschen gerümpft: »Du willst Bauer werden?«

»Landwirtin.«

»Sag' ich doch.«

»Eine Bäuerin sammelt die Eier unterm Huhn vor, versorgt sieben Kinder und geht melken – das ist doch eine total altertümliche Vorstellung. Heute sind Landwirte echte Manager, die müssen sich mit Vieh und Feldwirtschaft auskennen, mit Maschinen und Computern …

Doch das wollten sie gar nicht wissen. »Du bist verrückt«, meinten sie und wandten sich wieder ihren MP3-Playern zu.

In Lomitz sagten die Leute: »Du willst Landwirtin werden?«

»Ja«, antwortete ich mit einer Mischung aus Stolz und Selbstverständlichkeit.

»Warum nicht, Mädchen, ist ja ein anständiger Beruf.«

Ausgerechnet meine Eltern sahen das anders.

»Du willst allen Ernstes von der Schule abgehen?« Mama erbleichte.

»Ja«, entgegnete ich und zog ein Blech mit Forellen aus dem Ofen. »Ich will eine Ausbildung machen.«

»Aber du findest doch gar keine Lehrstelle – mit einem Hauptschulabschluss …« Sie sprach das Wort aus, als hätte sie eine Gräte verschluckt.

»Warum nicht?« Ich setzte das Fischmesser an und löste vorsichtig die Bäckchen.

»Weil man mit einem Hauptschulabschluss nichts werden kann.« Sie zog den Topf mit den Salzkartoffeln vom Herd, und es sah aus, als hielte sie sich daran fest.

»Aber ich will nicht mehr zur Schule gehen. Rechtschreibung, Grammatik, englische Vergangenheitsformen – ich kapier' das alles nicht! Und wozu brauch' ich es überhaupt?« Seit unserem Umzug ging ich auf die Realschule in Gartow, und nur in Biologie und Mathe hatte ich wirklich gute Noten. In Deutsch schrieb ich zwar gern Aufsätze, bekam für Inhalt und Fantasie auch oft eine Eins, machte aber auf sieben Seiten hundert Rechtschreibfehler.

»Bildung ist wichtig, Isa!«

»In einer Ausbildung lerne ich auch etwas, nur praktisch.«

»Von was für einer Ausbildung redest du überhaupt?« Papa, der bislang stumm vor seinem Teller gesessen hatte, sah auf – mit einem Gesicht wie ein Unwetter.

Ich schluckte. Stumm löste ich die Haut an Rücken-, Bauch- und Schwanzflossen und hob sie mit der Gabel an. Dann legte ich das Messer beiseite, zog einen Stuhl heran und setzte mich.

»Ich will Landwirtin werden.«

»Du willst … was?« Mama wurde noch blasser.

»Kommt überhaupt nicht infrage!«, polterte Papa.

»Aber …« Ich schüttelte den Kopf: »Aber ihr seid doch auch Landwirte.«

»Eben drum«, sagte Papa. Er schob den Stuhl zurück, so heftig, dass er beinahe umgekippt wäre, und stapfte durch die Küche. »Du hast ja gar keine Ahnung, wie wichtig gute Bildung ist. Du denkst, ein bisschen Trecker fahren, ab und zu ein paar Hühner schlachten – und schon läuft der Laden. Aber ein Betriebsleiter muss auch lesen und schreiben können …«

»Ich kann lesen und schreiben.«

»Isa …« Mama legte ihre Hand auf meine. »Ich möchte, dass du etwas aus deinem Leben machst, dass du einen ordentlichen Beruf lernst …«

»Was ist ein ordentlicher Beruf?«

Sie zuckte mit den Schultern. Papa öffnete die Kühlschranktür und nahm eine Flasche Bier heraus.

Ich griff nach dem Messer. »Du hast doch auch nicht BWL studiert, Mama.« Und plötzlich musste ich lachen – es war einfach grotesk. »Ihr seid beide Landwirte und sagt mir, ich soll einen ordentlichen Beruf lernen?«

»Wir wollen nur dein Bestes.«

»Wenn ihr mein Bestes wollt, lasst mich tun, was ich am besten kann und am meisten liebe.« Mit einer schnellen Bewegung am Rückgrat entlang schlitzte ich die Forelle auf.

»Isa …«

»Soll ich vielleicht Kosmetikerin werden? Oder Verkäuferin bei H&M?«

Wütend löste ich das obere Filet. Es zerbrach in zwei Teile.

Papa setzte sich.

Ich warf das zerbröckelte Filet auf seinen Teller und hob die Gräten. Seit ich mit meinem Trettrecker um den Tannenbaum gekurvt war, hatte ich erklärt, dass ich einmal den Hof übernehmen wolle.

Papa öffnete die Bierflasche und schenkte sich ein. Er betrachtete den Schaum, das Glas. »Es ist nicht einfach, einen Hof zu führen«, sagte er leise. »Die Preise schwanken enorm, und die Agrarpolitik ändert sich ständig, meist wird alles schlechter.«

»Und keiner weiß, wo es noch hingeht.« Mama fuhr sich durchs Gesicht. Sie war blasser als der Fisch.

»Ich möchte, dass meine Tochter einen sicheren Beruf erlernt, dass sie eine gute Zukunft hat.«

»Aber Papa ...« Meine Stimme kratzte, und ich legte das Messer beiseite und griff nach seiner Hand. »Wenn man gut ist und fleißig, hat man auch Erfolg. Schau dich an!«

Er murmelte etwas.

»Aber man ist nur in einem Beruf erfolgreich, den man liebt und der einem Freude macht.«

»Du wirst schuften. Du wirst dich kaputt machen. Und du wirst Schwierigkeiten haben, weil du eine Frau bist.«

Ich wischte seine Worte beiseite: »Was nützt es, wenn ich etwas lerne, das mich nicht interessiert?«

Draußen klappte eine Tür. Meine Schwester kam nach Hause.

»Du bist erst fünfzehn, Isa«, sagte Mama. »Wer nimmt denn ein fünfzehnjähriges Mädchen als Auszubildende? Du hast ja nicht einmal einen Treckerführerschein.«

»Aber ich kann Trecker fahren! Außerdem mache ich den Führerschein, sobald ich sechzehn bin.«

Sie seufzte.

»Ich mache euch einen Vorschlag.« Ich holte Luft und griff nach dem Messer, zog die andere Forelle vom Blech. »Wenn ich eine Ausbildung als Landwirtin machen darf, werde ich hart arbeiten und lernen und nur gute Noten nach Hause bringen.« Ich wartete einen Moment: »Auch in Deutsch und Englisch.«

Mama schüttelte den Kopf.

»Ich werde die Beste sein, das verspreche ich!« Ich sah das Zaudern in ihren Zügen, die Sorge, die Fassungslosigkeit. »Außerdem werde ich mich nach der Gesellenprüfung weiterqualifizieren. Ich hab' mich schon informiert.«

Papa hob eine Augenbraue.

»Ich könnte sogar an der Fachhochschule studieren.«

Ein Flackern in Mamas Augen.

Ich wischte mir eine lose Haarsträhne aus dem Gesicht: »Würde ich weiter zur Schule gehen, würde ich mich doch nur herumquälen, und am Ende hätte ich ein Jahr meines Lebens verschwendet.«

Mama strich über das Tischtuch neben ihrem Teller. »Nein«, sagte sie.

»Ich weiß nicht«, sagte Papa.

»Du solltest weiter zur Schule gehen«, meinte Mama.

»Deine Mutter hat recht.«

»Papa!« Ich schnappte nach Luft, das Messer klirrte auf dem Teller. »Alles, was ich kann, hast du mir beigebracht. Du hast mir gezeigt, wie man Hühner schlachtet und Kaninchen abzieht, wie man pflügt und sät und Trecker fährt. Und jetzt willst du nicht, dass ich Landwirtin werde?«

»Du solltest auf jeden Fall dein Abitur machen.« Mama trank einen Schluck Wasser.

»Deine Mutter hat recht.« Papa griff nach seinem Bierglas.

»Du hast doch auch kein Abitur.«

»Das ist was anderes.«

»Warum?«

»Das war eine andere Zeit.«

Ich schloss die Augen und zählte still bis drei. »Papa, du weißt genau, dass ich eine Praktikerin bin – wie du«, sagte ich leise und umklammerte den Messergriff. Wie konnte er nur … Wie konnte er mich so verraten?

»Nein«, sagte Papa. »Ich bin dagegen.«

»Nein«, sagte Mama. »Ich bin strikt dagegen.«

Ich ließ das Messer fallen und sank auf meinen Stuhl. Mein Herz hämmerte. Ich verschränkte die Arme und biss mir auf die Unterlippe.

»Nein«, sagte ich schließlich. »Ich werde auf keinen Fall weiter zur Schule gehen!«

LEHRJAHRE

9.

»Was braucht eine Pflanze, damit sie wachsen kann?«

»Wa-wasser.« Felix war ein strohblonder Junge mit wasserblauen Augen, der jüngste Sohn eines erfolgreichen Schweinemästers.

»Dünger.« Philipp war ein muskelbepackter Junge mit großspurigem Gehabe, der einzige Fischwirts-Azubi in der Klasse.

»Was noch?« Herr Breitkreuz war ein grauer Mittfünfziger mit trockenem Humor, der neben der Schule einen Mutterkuhbetrieb führte und sich weder von Kühen noch von halbwüchsigen Jungen aus der Ruhe bringen ließ.

»Li-licht«, antwortete Felix, »wegen der Fo-fo …«

»Genau!«, rief Herr Breitkreuz und schrieb *Fotosynthese* an die Tafel. In den ersten Tagen war der Unterricht simpel, dann wurde er spannend wie die Pirsch nach einem Sechzehnender: Wie funktioniert der Stoffwechsel bei Weizen? Wie mineralisieren sich Kalk-, Kali- und Stickstoffdünger im Boden? Wie ist das Skelett eines Schafs aufgebaut, und wie behandelt man Rotlauf bei Schweinen und Labmagenverlagerungen bei Kühen?

Wochenlang hatten wir zu Hause gestritten, am Ende gaben Mama und Papa nach – unter der Bedingung, dass ich zuerst ein Berufsgrundbildungsjahr absolvierte. Seitdem saß ich vier Tage die Woche mit angehenden Landwirten, Pferdewirten, Fischwirten und Gärtnern auf der Schulbank, am fünften Tag mistete ich Kuhställe aus, brachte Pferde auf die Weide, machte Trecker sauber oder strich Silowände. Am Ende der Lehre hätte ich dann einen Abschluss auf Realschulniveau, könnte auf die Fachschule wechseln, einen Fachhochschulabschluss machen und studieren; angesichts dieser Perspektive atmete auch Mama auf. Da es im Wendland keine Berufsfachschule für Agrarwirtschaft gab, hatte ich mich in Hildesheim angemeldet und wohnte während des Berufsgrundbildungsjahrs bei meiner Großmutter in Klein Düngen.

»Eine Zelle enthält Enzyme.« Herr Breitkreuz deutete auf den Querschnitt einer Pflanze. »In der Zellmembran sitzen Fette. Fette und Enzyme sind organische Stoffe. Innerhalb einer Pflanze finden also Stoffwechselvorgänge statt, die anorganische Stoffe in organische Stoffe verwandeln, sie synthetisieren …«

»F-f-fotosynthetisieren!«, witzelte Felix, und alle lachten. Am ersten Schultag hatte Philipp ihn gefragt, ob er aus dem Harz käme.

»Wieso?«, fragte Felix.

»Du sprichst so brockenweise!«

Doch Felix scherte sich nicht darum. Er stotterte, ja, aber sollte er deswegen den Mund halten? Er war selbstbewusst genug, obwohl er der Jüngste unter den

Jungen war. Nur ich war jünger, die Jüngste überhaupt in der Klasse, und das einzige Mädchen, das Landwirtin werden wollte. Die drei anderen Mädchen, Laura, Sarah und Rebecca, wollten Pferdewirtinnen werden. In den Pausen schwärmten sie von ihren Reitstunden, von Volten und Vorhandwendungen, vom Voltigierunterricht. Ab und zu hatten sie schon ein Pferd gestriegelt. Ich war beeindruckt und begriff, dass Papa nicht nur ein begnadeter Praktiker war, sondern auch ein solides theoretisches Wissen besaß und mir viel über Tiere, Pflanzen und Maschinen beigebracht hatte. Ich konnte Aussaatmengen berechnen und wusste, wie sich Bodenwertzahlen zusammensetzten, ich kannte das Minimumgesetz und das Gesetz vom abnehmenden Ertragszuwachs. Ich wusste, dass Rübensaatgut inkrustiert wurde, um es vor Moosknopfkäfern und Springschwänzen zu schützen. Ich las Aufsätze in Mamas Studienbüchern und verschlang Artikel über Herbizidresistenzen bei Getreide oder Kleearten mit bedeutendem Futterwert wie andere den neuesten *Harry Potter*.

»Um Schlupf zu vermeiden, werden bei Traktoren serienmäßig Differenzialsperren verbaut«, referierte Herr Rosenthal in der nächsten Stunde. Er hatte Ohren wie Mr. Spock und ein Faible für MB-Traktoren.

»Schlupf?«, fragte Sarah, ein dralles Mädchen mit Sommersprossen und Haaren wie Draht.

»Wer kann erklären, was Schlupf ist?«

Niemand meldete sich. Ich sah aus dem Fenster. In der Nacht hatte es geregnet, und auf der Straße vor dem Schulgebäude schien der Asphalt zu dampfen,

Spatzen badeten in einer Pfütze, und ein Eichelhäher landete auf dem Ast eines Ahorns. Schließlich meldete ich mich und wurde drangenommen.

»Wenn man durch Matsch fährt oder über eine Bodenwelle, und ein Rad legt wegen schlechter Bodenhaftung weniger Strecke zurück, als es vom Radumfang her müsste, dann ist das Schlupf. Im schlimmsten Fall dreht es durch, während sich die anderen Räder eingraben.«

Herr Rosenthal nickte.

Auch Sarah nickte. Aber klüger sah sie nicht aus.

Am meisten von allen Fächern mochte ich die Stunden im Schullabor. Wir legten Kulturen in Petrischalen an und beobachteten die Keimfähigkeit von Getreide. Wir bestimmten die Triebkraft von Bohnen und ermittelten das Tausendkorngewicht von Weizen. Wir untersuchten Ackerbodenproben und züchteten Kulturpflanzen (Kleearten mit bedeutendem Futterwert!). Zum ersten Mal ging ich leidenschaftlich gern zur Schule, machte meine Hausaufgaben mit Hingabe, schrieb Einsen und wurde gelobt. Sogar der Deutschunterricht machte Spaß; dass ich Ferkel auch mal mit V schrieb, war mir wurscht.

»Ich freu' mich schon auf die Dressurreitstunde«, verkündete Sarah mit den Drahthaaren, als wir vor dem Mittagessen das Labor aufräumten.

»Wir sollten im Unterricht viel mehr übers Reiten lernen«, meinte Laura, die bald darauf schwanger werden sollte.

»Ja«, sagte Rebecca. »Dieser ganze Boden-Aussaat-und-Fotosynthese-Kram langweilt mich.«

Was für Vorstellungen hatten sie?

»Wie wollt ihr eure Pferde gut ernähren, wenn ihr keine Ahnung von Futteranbau habt?«, fragte ich und stapelte leere Petrischalen ineinander. »Wie wollt ihr Fohlen züchten, wenn ihr die Zuchtreife nicht von der Geschlechtsreife unterscheiden könnt?«

Die drei stellten ihre Petrischalen ins Spülbecken und sahen mich an. Laura, die bald schwanger werden sollte, rollte mit den Augen, dann nahm sie ihre Tasche, hakte sich bei ihren Freundinnen unter, und sie gingen.

Zwei von ihnen brachen ihre Ausbildung noch im ersten Jahr ab. Wahrscheinlich waren das weise Entscheidungen. Landwirtschaft ist nichts für Schönwetterbauern und Hobbytreckerfahrer – Landwirte sind Manager mit breitem Fachwissen, straffer Betriebsorganisation, Fleiß und Disziplin. Einen Boden nicht zu pflegen, weil es draußen regnete, oder Dünger nicht rechtzeitig auszubringen, weil es auf dem Sofa so gemütlich war, konnte eine Ernte zerstören. Das Land, das ich bestellte, hatten Generationen vor mir zu dem gemacht, was es war, und ich könnte all ihre Arbeit durch Nachlässigkeit in kurzer Zeit zunichtemachen.

Auch das hatte ich von Papa gelernt.

10.

Mama packte Hunderte Kisten, während Papa und ich an einem wolkenverhangenen Morgen im Juli 2000 mit einem ersten Umzugstransport von Groß Düngen nach Lomitz aufbrachen. Wir brachten unsere Pferde auf den neuen Hof, Spaten, Mistgabeln, Stroh, Werkzeug, Hundefutter, Taschenlampen, Schaufeln, Decken, Kaninchenställe, die Kettensäge, eine Kühlbox und eine Matratze. In dem alten, von Brennnesseln und Brombeersträuchern zugewucherten Kuhstall bauten wir provisorische Boxen, und während ich Strohballen heranwuchtete und einstreute, legte Papa mit Sense und Säge den Zugang zur Scheune frei. Wir arbeiteten still und zügig, denn am Horizont zogen Wolken auf, und die Spitzen der Bäume bogen sich im Wind. Bald würde es regnen.

Der Hof war seit Jahren nicht bewirtschaftet worden, der Garten verwildert, in den Wirtschaftsgebäuden türmte sich Gerümpel. Eine eigentümliche Atmosphäre lag über allem – fremd und verheißungsvoll, die mir gefiel und mich gleichzeitig wehmütig machte. In Groß Düngen hatten wir in einem schmucken Fachwerkhaus gewohnt, der Vorplatz sauber asphaltiert, Garage, Scheune und Maschinenhalle immer aufgeräumt. Das Dach war neu gedeckt, und wenn die Sonne schien, leuchteten die Ziegel. Papa stutzte die Büsche, Mama pflanzte Blumen, und vor allen Fenstern blühten Geranien – die nun meine Großmutter gießen würde, bis die neuen Mieter einzogen.

Am späten Nachmittag, kurz bevor der Regen kam, schleppten wir meine Matratze ins Wohnhaus, einen hässlichen 1960er-Jahre-Klinkerbau, in dem der Wind durch Fenster und Türen pfiff. Auch manche Stalltür war so morsch, dass man sie wegpusten konnte.

»Pass gut auf alles auf«, sagte Papa, als er sich wieder ans Steuer des Lkws setzte. »Morgen Mittag komme ich mit der nächsten Fuhre.« Äsche und Nadja, unsere Beaglewelpen, balgten sich neben den Reifen, und als der Motor ansprang, packte ich sie und zog sie zur Seite. »Wenn was ist, geh zu den Nachbarn, sie wissen Bescheid.« Er deutete auf ein paar rote Backsteinhäuser.

Ich schüttelte den Kopf: »Ich komm' schon zurecht.«

Der Anhänger klapperte, als der leere Lkw vom Hof fuhr, und ich sah ihm nach, bis er auf die Straße bog, die zum Dorf hinausführte. Äsche und Nadja tapsten einem Huhn hinterher, das sich auf die Straße verirrt hatte und wild gackerte, obwohl es nicht ernsthaft in Gefahr war.

Ich pfiff die Hunde zurück, und wir erkundeten den Hof. Später gab ich den Welpen zu fressen, versorgte Ondra und die anderen Pferde und fütterte die Kaninchen. Die Wolken hatten sich aufgelöst, und weiches Licht lag über Wiesen und Feldern, als ich die Stalltür schloss – wie vor zwei Sommern, als wir in der nahen Nemitzer Heide Urlaub gemacht hatten. Tagsüber waren wir gewandert, mit unseren Fahrrädern schnurgerade Lindenalleen entlanggefahren und kleinen Kanälen gefolgt, die sich Richtung Elbe schlängelten. Abends saßen wir vor unserer Ferienwohnung, tranken Limonade und aßen Kekse und sahen zu, wie die Sonne den Himmel rosa färbte, und ich spürte eine leise Aufregung, weil wir bald hier leben würden.

Nun spannte sich ein Regenbogen über die weite Landschaft. In der Ferne hüpften Kolkraben über ein Feld, und außer dem leisen Geräusch des Winds und einem gleichmäßigen Plopp, als schlüge jemand mit einem Schläger auf einen Gummiball, war nichts zu hören. Es war still hier, stiller als in Groß Düngen, und einen Moment lang fühlte ich mich wie am Ende der Welt. Ich freute mich auf das Neue, das vor uns lag – und vermisste die vertraute schwere Erde, den heimeligen Ort meiner Kindheit.

Langsam schlenderte ich die Einfahrt hinunter. Das Dorf war klein. Die Häuser waren aus rotem Backstein gemauert, die Straßen asphaltiert, doch es gab keine Bürgersteige, nur unbefestigte Grünstreifen. Neben einem Jägerzaun parkte ein blauer Trabi; die ehemalige Zonengrenze war nicht weit. Auf vielen Grundstücken standen gelbe Lattenkreuze, das Zeichen des Widerstands gegen Atomkraft und ein Endlager in Gorleben. Ein Stück die Straße hinauf spielten zwei Mädchen Federball. Ich setzte mich auf eine Bank und sah ihnen zu. Die Beagle knabberten an meinem Hosenbein, und ich kraulte Äsches Kopf. Sie war mein Liebling, der erste Hund, der mir allein gehörte, darum hatte ich sie nach diesem besonderen Fisch benannt, dessen imposante bunt geschuppte Rückenflosse mich faszinierte. Wie Bonnie folgte mir Äsche überall hin, und bald würde ich sie zum Schweißhund ausbilden, sie an Kommandos gewöhnen und schusssicher machen, ich würde Fährten legen, damit sie die Blutspur aufnehmen lernte und wir später bei Jagden gemeinsam Wild nachsuchen konnten.

Ein Federball landete vor meinen Füßen. Das ältere Mädchen kam angelaufen. Ich reichte ihm den Ball. Es musterte mich, still, nicht unfreundlich, eher neugierig.

»Wohnst du hier?«, fragte es schließlich. Auch das andere Mädchen kam näher. Es hatte die gleichen glatten blonden Haare, das gleiche schmale, sommersprossige Gesicht, die spitze Nase, wahrscheinlich waren sie Schwestern.

»Bald«, antwortete ich.

Die Mädchen spielten weiter, und ich sah ihnen zu. Nach einer Weile kam die Jüngere und reichte mir ihren Schläger.

Gemeinsam spielten wir so lange Federball, bis es dunkel wurde.

In der Nacht lag ich in dem alten Haus. Es gab keinen Strom, und weil Neumond war, sah man kaum die Hand vor Augen. Ich roch den Moder von Jahrzehnten, den feuchten Putz, den alten Staub. Wahrscheinlich würden, sobald ich eingeschlafen war, Mäuse über meine Matratze tanzen. Mich schauderte. Wieder dachte ich an mein Zuhause, an mein Zimmer und die dichte Fichte vor dem Fenster. Ich dachte an meine Großeltern – an Omi, die die weltbesten Rouladen machte und den leckersten Kuchen backte, und immer hatte sie ein Stück für mich übrig. Sie schneiderte meine Blusen enger und bekam jeden Fleck aus meinen Lieblingshosen. Sie spielte Federball mit Flora und mir, kannte die spannendsten Bücher und konnte Geschichten aus dem Krieg erzählen, ohne dass es langweilig wurde. Sie brachte es nicht über sich, etwas wegzuwerfen.

»Ach, mein Engel, die Bluse ist zwar alt, aber immer noch sehr modern. Zieh sie doch mal an …«

»Oh nein, Omi!« Ich rollte mit den Augen – und tat ihr trotzdem den Gefallen.

»Wusste ich's doch, mein Engelchen – die ist todschick und wie für dich gemacht!«

Jeden Sommer kochte Omi Marmelade ein, und wenn sie einmal nicht mehr sein sollte, würden alle in der Familie nur noch Honig essen, weil wir verwöhnt sind und keine Marmelade aus irgendeinem Geschäft der Welt an ihre heranreicht. Omi war einfach die Beste – ich vermisste sie jetzt schon …

Ein lautes Kratzen weckte mich.

Reglos lag ich unter der Decke und lauschte in die Leere. Nach einer Weile – Sekunden, die wie Stunden waren – hörte ich ein weiteres Kratzen, kurz und scharf diesmal. Ich hielt den Atem an. Die Hunde zogen ihre Schwänze ein. Lautlos griff ich nach der Taschenlampe neben der Matratze.

Ein lang gezogenes Schaben, dann ein Schleifen.

Ein Poltern.

Ich sprang auf. Die Hunde winselten.

Mit hämmerndem Herzen tappte ich durch die Finsternis. Ich tastete mich an fremden Wänden entlang, suchte nach der Treppe, dem Geländer, ich griff ins Leere, stieß auf etwas Klebriges, zuckte zurück. Ich fand die oberste Stufe, nahm sie – gleich die erste Diele quietschte. Ein Aufschrei wie von einem sterbenden Tier. Ich erstarrte. Ich traute mich nicht mehr zu atmen.

Ein Kratzen, weiter hinten im Raum.

Ein Krachen, dicht neben mir.

Ich stolperte die Treppe hinunter, riss die Haustür auf und stürzte ins Freie.

Erst neben der Einfahrt blieb ich stehen. In der Hundehütte fand ich einen alten Kartoffelsack, er war schmutzig und roch streng, doch ich wickelte ihn um mein Nachthemd. Mit den Füßen voran kroch ich in die Hütte und zog Äsche und Nadja mit hinein. Zitternd lagen wir im Dunkeln, dicht aneinandergedrückt, und ich horchte angestrengt auf jedes Geräusch.

Irgendwann schlief ich ein.

Am Morgen taten mir alle Knochen weh. Vorsichtig schlich ich ins Haus – es war totenstill. Auf Zehenspitzen stieg ich die Treppe hinauf und zog mich an. Dann versorgte ich die Tiere. Später kam Papa mit einem Lkw voller Hühner und Hausrat.

»Einbrecher?« Mit seinen schwieligen Händen wischte er sich Heu aus den Haaren. »Das waren wohl eher Marder.«

Ein ganzes Jahr lang hausten wir in dem alten Haus. Im Winter wärmten wir abends vorm Schlafengehen unsere Bettdecken auf einem altersschwachen Kachelofen. Morgens blühten Eisblumen an den Fensterscheiben, und im Bad kratzten wir gefrorene Zahnpasta aus der Tube. Bis schließlich an einem Montagmorgen Anfang September 2001 ein Tieflader vorfuhr. Er lud vorgemauerte Wände ab – und Freitagnachmittag stand unser neues Zuhause, waren Türen und Thermopanefenster montiert, Wasserrohre, elektrische Leitungen und Anschlüsse verlegt. Wir mussten nur noch unsere Möbel hineintragen. Als Papa den Fernseher einschaltete, flog in Manhattan gerade ein Flugzeug in die Türme des World Trade Centers.

Bald nach unserem Umzug hatten wir begonnen, die brachliegenden Felder zu kultivieren. Die Wälder mussten durchgeforstet werden, und wann immer Zeit blieb, rissen Papa und ich morsche Spaltenböden aus den Ställen, brachen Liegeboxen ab, schlugen Wände heraus und entrümpelten Nebengebäude sowie Garagen. Manchmal halfen Opa und Onkel Heinrich, mein Cousin und Freunde packten an. Im Frühjahr 2002 begann Papa, das alte Klinkerhaus abzureißen. Es war kurz vor Ostern, ich hatte Ferien und war von Klein Düngen nach Hause gefahren.

»Die Deckenbalken können wir noch verheizen.« Das alte Haus war weitgehend entkernt, wo einmal Trennwände gestanden hatten, klafften Löcher, wo eine Zwischendecke die Stockwerke geteilt hatte, war alles offen, und man sah vom Erdgeschoss bis hinauf unters Dach.

An einer Wand lehnte eine Leiter. »Ich muss noch schnell die Dachluke schließen«, sagte Papa, stieg die Sprossen hinauf und balancierte über einen schmalen Steg. Mittags hatten wir Rumpsteaks gegessen, und ich schmeckte noch die süße Schärfe der gebratenen Zwiebeln auf meinen Lippen, als ich mit der Stiefelspitze gegen eines der Kanthölzer stieß, die auf dem alten, mit schwarzen Flecken gesprenkelten Fliesenboden lagen. Ich bückte mich.

»Mist, es hat schon reingeregnet!«, hörte ich Papa über meinem Kopf schimpfen. Ich hörte das Ächzen eines verzogenen Fensterrahmens. Das Einrasten des Riegels.

Und dann ein Krachen.

Ein dumpfer Aufschlag.

Ich fuhr herum.

Papa lag auf dem Fliesenboden, reglos, das rechte Bein seltsam abgespreizt. Um seinen Kopf bildete sich eine Blutlache.

Er ist tot, dachte ich.

Er ist tot.

Unendlich langsam krochen die Wörter durch mein Gehirn.

Papa ist tot.

Ich weiß nicht, wie lange es dauerte, bis ich meine Beine wieder spürte, und meine Füße brannten wie von tausend Nadelstichen, als ich hinausrannte, über den Hof und in die Küche, wo Mama das Geschirrtuch fallen ließ, als sie mich sah.

Ein Hubschrauber brachte Papa in die Unfallklinik.

In den Tagen danach lebten wir in einer Welt aus Nebel. Während ich an der Dorfstraße auf den Notarzt aus dem zwanzig Kilometer entfernten Lüchow gewartet hatte, war Papa wieder zu Bewusstsein gekommen. Er hatte sich aufgerichtet, das viele Blut gesehen – und wollte schnurstracks ein Bad nehmen. Er rappelte sich auf, wehrte sich gegen Hände, die ihn zurückzuhalten versuchten, und bestand darauf, unverzüglich in die Badewanne zu steigen, dabei redete er wie von Sinnen.

War er verrückt geworden?

Die Ärzte versetzten ihn in ein künstliches Koma. Sie diagnostizierten einen Schädelbasisbruch und diverse Knochenbrüche, ein Schädel-Hirn-Trauma, eine Gehirnblutung, das zerschmetterte Jochbein hatte den linken Sehnerv durchtrennt, Zähne fehlten. Würde er überleben?

Würde er je wieder gehen können?

Sehen? Sprechen? Denken?

Unsere Verwandten und Freunde waren weit weg – allein und wie in Trance bewegten wir uns durch ein trostloses fremdes Land.

Wir beteten.

Wir hofften.

Wir wussten, dass alles – der Hof, die Felder, die Tiere, die Maschinen, unser Einkommen, unsere Familie – von Papa abhing.

Als mein Vater nach Tagen aus dem Koma erwachte, war sein Kopf bandagiert. Er trug eine Augenklappe. Langsam richtete er sich in seinem Bett auf. Mit Mühe formten seine Lippen ein paar Worte. Dann sank er zurück und fiel in einen unruhigen Schlaf.

Es war ein Bild des Elends.

Niemand wusste, wie es weitergehen würde, Diagnosen und Prognosen änderten sich von Tag zu Tag. Ein Arzt machte uns Hoffnung – es hätte auch viel schlimmer kommen können! –, ein anderer gab sich knapp und wortkarg, und sein Schweigen ließ uns das Schlimmste befürchten. Wir versuchten, keine Angst zu haben. Wir versuchten, die Hoffnung nicht zu verlieren. Wir gaben uns Mühe, mit allem zu rechnen und dabei zuversichtlich und in Ruhe abzuwarten.

Doch in der Nacht nagten Zweifel an der Zuversicht.

Was, wenn Papa doch stürbe?

Wenn er den Rest seines Lebens im Rollstuhl säße?

Mama, die sich um Büro und Haushalt kümmerte, die sich auskannte, aber wenig Erfahrung im Umgang mit schweren Maschinen und Geräten hatte, war Tag und Nacht auf den Beinen und heuerte Lohnarbeiter an, die die dreißig Hektar Mais, die wir gerade ausgesät hatten, spritzten; das übrige Ackerland war noch verpachtet. Ich bestand meine Traktorführerschein-Prüfung, und bevor ich am Ende der Ferien nach Hildesheim zurückfuhr, schlachtete ich alle Masthähnchen, sodass nur die Pferde, die beiden Schweine, die Hunde und das Kleinvieh versorgt werden mussten.

Es dauerte ein Dreivierteljahr, bis Papa entlassen wurde und wieder nach Hause kam.

»Das sind mal saubere Griffel, was?« Er gluckste und streckte seine Pranken aus. Mama, Flora und ich staunten – noch nie hatten wir ihn mit so sauberen Händen gesehen. Lachend erzählte Papa, wie eine Krankenschwester Stunden damit verbracht hatte, mit Waschbenzin alte Maschinenölreste, eingekerbtes Tierblut und zerriebene Ackerkrume aus seiner schwieligen, rissigen Haut zu schrubben, und dabei freute er sich wie ein Kind, das allen einen gelungenen Streich gespielt hatte.

Seinen Humor hatte er nicht verloren. Doch war Papa ein anderer geworden.

11.

Märzlicht und ein Rest Dunst lagen über den Wiesen, als ich über den Hof zum Stall lief. Das Tor quietschte, und drinnen standen die Kühe zu beiden Seiten des Mittelgangs, sie kauten und käuten wieder, und längst sah keine mehr auf, wenn ich hereinkam. Anneliese hob ihren Schwanz. Die Luft war klamm, und im milchigen Licht, das durch die Fenster unter der Decke fiel, schien ihr schwarz-weiß gescheckter Leib zu dampfen. Ich klopfte ihr auf die Flanke und lief den Gang hinunter.

In der Abkalbebox im hinteren Teil des Stalls untersuchte der Bauer Leikas Euter. Sie hatte am frühen Morgen ein Kalb geboren, es war eine schwere Geburt gewesen, und kurz darauf bekam sie Fieber.

»Sie hat eine Euterentzündung. Der Tierarzt wird ihr ein Antibiotikum geben.« Paul Hermann richtete sich auf. Er war groß, hatte breite Schultern und ein kantiges Gesicht. »Sie wird sich schnell erholen, aber wir müssen ihre Milch wegschütten, wegen des Medikaments. Wie geht's dem Kalb?«

»Gut. Ich hab' ihm tiefgefrorene Biestmilch aufgewärmt.« Biestmilch ist Erstmilch und enthält Nährstoffe, die die Abwehr des Neugeborenen stärken.

»In ein paar Tagen können wir Milch aus Milchpulver anrühren, und in zwei Wochen kann das Kalb mit den anderen an den Tränkeautomaten gehen.«

»Dann steuert der Rechner die weitere Ernährung?«

»Genau.« Er klopfte mir auf die Schulter, wie ich eben noch Anneliese auf die Flanke geklopft hatte, dann wusch er sich die Hände und ging hinüber in den Saustall. Ich nahm eine Mistgabel und einen Spaltenschieber und ging zu den Trockenstehern, jenen Kühen, die nicht mehr gemolken wurden, weil sie demnächst kalben würden.

Es war nicht einfach gewesen, nach dem Berufsgrundbildungsjahr eine Lehrstelle als Landwirtin zu finden. In der Schule hatte ich Einsernoten in Serie geschrieben, und es war klar gewesen, dass ich die Prüfung am Ende des Schuljahres mit Bestnote bestehen würde – doch egal, in welchem Ausbildungsbetrieb ich angerufen hatte, überall hieß es:

»Ein Mädchen? Nee, nee!«

»Wir brauchen niemanden.«

»Wir haben gerade einen Lehrling eingestellt.«

»Wir bilden dieses Jahr nicht aus.«

»Aber Ihr Hof steht auf der Liste der Ausbildungsbetriebe der Landwirtschaftskammer!«

»Muss 'n Irrtum sein.« Es klickte, und die Leitung war tot. Sämtliche Schweinemästereien und Hühnerfarmen im Umkreis hatte ich aussortiert – in meinem zweiten Ausbildungsjahr wollte ich in einem Milchviehbetrieb arbeiten, denn über Kühe wusste ich wenig. Einer der letzten Höfe auf der Liste lag in Rebenstorf. Ich holte

Luft und wählte die Nummer. Eine junge Frau meldete sich.

»Guten Tag, ich suche eine Lehrstelle.«

»Ja«, antwortete die Stimme. »Aber könnten Sie später noch einmal anrufen? Der Tierarzt ist gerade da.«

Zwei Stunden später rief ich wieder an.

»Ein Mädchen?«, sagte diesmal eine Männerstimme. Wieder holte ich Luft und wollte eben erklären, dass ich in der Tat ein Mädchen war, blond außerdem, mit einer beeindruckenden Menge an Einsernoten und profunden Kenntnissen in Weizenanbau, Schweinemast, Stoffwechselphysiologie, Pflanzenkultivierung und Bodenkunde – da sagte die Stimme: »Warum nicht? Komm doch mal vorbei und guck dir den Hof an.«

Am Sonntag darauf, wenige Wochen vor Papas Unfall, fuhren wir nach Rebenstorf. Die Sonne schob sich zwischen grauen Wolken hervor. Die regennassen Zweige der Birken funkelten, und an den Weiden hingen dicke Tropfen. Die meisten Felder waren bereits gepflügt, und die aufgeworfene Erde glänzte schwarz und satt. Bald würden Triebe sprießen und Knospen platzen, bald würden Traktoren und Sämaschinen durch die Fluren fahren, und die Luft würde schwirren vom Brummen der Motoren und dem Gezwitscher der Vögel.

Rebenstorf war winzig. Vier Straßen, alle schnurgerade, links und rechts rote Backsteinhäuser. Eine Hebamme, ein Friseur, ein Schützenverein, zwei Bauernhöfe.

»Es sind nur 15 Kilometer.« Meine Stimme knisterte vor Nervosität. »Die Strecke kann ich mit dem Trecker fahren.«

Papa warf mir im Rückspiegel einen Blick zu. »Sobald ich meinen Traktorführerschein in der Tasche habe, meine ich natürlich.«

Er nickte und parkte neben einer gestutzten Hecke.

Mama stieg aus und sah sich um. »Der Hof wirkt sehr gepflegt.«

Die Hermanns führten uns durch ihre Ställe. Sie hielten 60 Stück Milchvieh, allesamt schwarzbunte Holstein-Rinder, gesunde und kräftige Tiere. An der Wand neben dem Stalltor hingen Plaketten und Züchterpreise.

»Ist 'ne leistungsstarke Herde«, sagte Paul Hermann, als er meinen Blick bemerkte. Draußen tobten ein Mädchen und ein Junge mit Wasserspritzpistolen über eine Wiese, und ein alter Hund lag träge im Schatten eines Forsythienstrauchs. Christine Hermann zeigte uns die Melkanlage und die Felder, auf denen bald Rüben gesät würden, Getreide, Kartoffeln und Erbsen. Paul Hermann öffnete das Tor zur Maschinenhalle – Schlepper, Kartoffelroder, Futtermischwagen, Güllewagen, ein Pflug und eine Drillmaschine, nicht nagelneu, aber in gutem Zustand, sogar der alte Deutz und die beiden Case-Traktoren blitzten. Papa sagte etwas, und kurz darauf diskutierte er mit Paul Hermann die Vor- und Nachteile von Neuanschaffung gegenüber einem langfristigen Leasing von Landmaschinen.

Als sich herausstellte, dass Hermann auch begeisterter Jäger war, fachsimpelten wir über Jagdreviere, die besten Jagdhundrassen und den aktuellen Wildbestand, und er schimpfte über die zahllosen Schwäne, die ihm den Raps von den Feldern fraßen.

Später tranken wir Kaffee. Die Hermanns hatten den Hof von seinen Eltern übernommen, seit 1698 war er in Familienbesitz. Sie waren offen, herzlich und lachten viel, und alles, was sie sagten, zeigte, dass sie viel von Landwirtschaft verstanden – und dass sie ihr Wissen weitergeben wollten. Unruhig rutschte ich auf meinem Stuhl hin und her. Nach den vielen Absagen hatte ich mich schon in einer Schweinemästerei enden sehen.

»Willst du dir noch andere Betriebe angucken?«, fragte Paul Hermann, als seine Frau aufstand, um frischen Kaffee zu brühen.

Ich schüttelte den Kopf – so heftig, dass sich meine Haarspange löste. »Der Hof ist toll! Wenn Sie mich nehmen, bleib' ich gleich hier.«

»Einverstanden.« Er lächelte und lehnte sich zurück. Sein Haar war ordentlich gescheitelt, er trug Cordhosen und ein blaues Hemd. Ich wischte mir die Haare aus dem Gesicht. Mama sah mich an, ein Blick, halb erleichtert, halb ergeben, und Papa ließ den Kopf gegen die Lehne seines Sessels sinken und betrachtete die Geweihe an der Wand. Ein zufriedener Glanz lag auf seinen Wangen.

Paul Hermann schob sich einen Keks in den Mund. »Dann können wir eigentlich gleich den Ausbildungsvertrag unterschreiben.«

»J-ja …« Beinahe wäre ich von der Stuhlkante gekippt. Draußen knatterte ein Mofa die Dorfstraße hinunter, ein Geräusch wie ein kaputtes Maschinengewehr, und Hermann stand auf und ging zu einer Anrichte. Er öffnete eine Glastür und nahm einen Stapel Papiere heraus, eine Flasche Schnaps und Gläser.

Am 1. August 2002 fing ich an.

»Beweg dich, Dicke.« Ich trieb Dörte, die einzige braun-weiße Kuh unter den schwarzbunten Milchkühen, aus ihrer Liegebox Richtung Melkstand. Paul stand schon in der Melkgrube, und als Anneliese den Schwanz hob und ein Kuhfladen herausspritzte, sprang er in Deckung. Lachend trieb ich Dörte an den letzten freien Platz. Die Anlage brummte, und ich schob mich an ihrem dickem Leib vorbei, bückte mich und reinigte das Euter, strich über die Zitzen und ließ die erste Milch in den Vormelkeimer laufen, dann nahm ich das Melkgeschirr und stülpte die Melkbecher über die Zitzen. Dörte schlug mit dem Schwanz, und ich duckte mich, um die Quaste nicht ins Gesicht zu bekommen.

Am ersten Tag hatte ich vor der Kuh gestanden wie der Ochs vorm Berg.

»Es ist nicht so schwierig«, sagte Paul. Er erklärte, wie die Melkanlage funktionierte und dass in den Zitzenbechern ein Unterdruck erzeugt wurde. Er hielt mir einen Zitzenbecher hin, und ich steckte einen Finger hinein. Er lachte darüber, wie ich das Gesicht verzog, als ich das gleichmäßige Saugen und Drücken an meinem Daumen spürte.

»Wie ein hungriges Kalb, was?«

Paul brachte mir bei, die Kühe anzusprechen, wenn ich mich näherte, damit sie nicht erschraken und austraten. Er zeigte mir, wie ich das Melkgeschirr ansetzen musste und den Reiz im Euter auslöste, der die Milch einschießen ließ. Christine verriet mir Tricks und Kniffe: Wie melkte man, wenn die Zitzen zu kurz waren?

Wie melkte man, wenn das Euter sehr tief hing und das Melkgeschirr abfiel? Sie schärften mir ein, unbedingt auf Sauberkeit zu achten.

»Ist die Keimzahl zu hoch, wird die Milch nicht abgeholt.« Sie deuteten auf die Tanks in der Milchküche. »Dann können wir sie nur noch wegkippen. Dann war alle Arbeit umsonst.«

Ich verstand mich gut mit ihnen. Und ich verstand mich gut mit ihren Kühen. Sauen waren in meinen Augen eher langweilige Tiere, sie fraßen und grunzten – Kühe dagegen waren klug und sensibel. Sie waren neugierig und leckten mit ihren rauen Zungen über meine Hände. Sie hatten hübsche, ausdrucksstarke Gesichter und rochen und hörten fast so gut wie Hunde. Sie waren geduldig und ließen sich nicht aus der Ruhe bringen. Manchmal wirkten sie etwas teilnahmslos, doch das täuschte: Ihr Verdauungssystem mit den vier Mägen ist hochkomplex. Sechzehn Stunden am Tag käut eine ausgewachsene Kuh wieder – wie soll sie sich da noch mit neugierig glotzenden Menschen beschäftigen? Manche Kühe wurden beim Melken auch ganz schmusig, und ich hatte nichts dagegen, kraulte ihre faltigen Hälse und ließ sie mit ihren Zungen über meine Arme lecken.

Bis in den Herbst hinein stand das Jungvieh auf den Weiden, und wenn ich hinausfuhr und nach der Herde sah, freute ich mich, wie übermütig die Tiere umherliefen. Im Frühjahr schor und putzte ich Kälbchen, kämmte ihre Schwanzquasten und führte einige beim Jungzüchtertag der Jury vor. Zuchtausstellungen hatten mich bislang nicht interessiert – Tiere waren unsere Nahrung, ob sie hübsch aussahen und mit geradem Rücken und erhobenem Kopf gleichmäßigen Schrittes vor- und rückwärts gingen, spielte keine Rolle. Nun begutachtete ich mit Paul Knochenbau und Haltung. Wir wählten die schönsten Färsen aus, und ich gewöhnte sie ans Halfter; Färsen sind Kühe, die noch nicht gekalbt haben; sie waren fast ausgewachsen, viele wogen vierhundert, manche sogar sechshundert Kilo, und einige waren widerspenstig. Ich musste ihr Vertrauen gewinnen und lernte, Geduld zu haben, denn nur mit Ruhe brachte ich sie dazu, mir zu folgen. Ich lernte viel über Rinder und Kälber, über Zucht und Haltung, über Fleisch- und Milcherzeugung – und manches über mich selbst.

Abends gegen halb sieben war die Herde gemolken. Wir reinigten den Melkstand, richteten die Boxen her, und während Paul fütterte und Christine nach den Kälbern sah, ging ich in die Milchküche und wusch mir die Hände. Draußen war es schon dunkel, und die Vakuumpumpe und das Kühlaggregat brummten, während ich Melkbecher und Schläuche spülte. Ich war müde. Ich stand um sechs Uhr auf, arbeitete zwölf Stunden, auch am Wochenende, und verdiente netto 150 Euro. Doch ich war glücklich. Ich liebte die Arbeit. Außerdem ist auf einem Milchviehhof immer viel zu tun, denn Kühe scheren sich nicht um Tarifverträge oder Arbeitszeitverordnungen, sie wollen gemolken werden. Dass Mama und Papa mehr Freizeit hatten als Paul und Christine, lag daran, dass sie kein Vieh hielten; wenn wir ans Meer fuhren oder Ferien in den Bergen machten, fütterten meine Großeltern unsere Ponys, Ziegen, Kaninchen und Hühner. Diese Freiheit wollte ich später auch haben, darum kam ein Milchhof für mich nicht infrage. Doch eine Zeit lang machte ich die Arbeit sehr, sehr gern.

An meinen freien Wochenenden fuhr ich nach Lomitz. Papa hakte sich unter, wenn wir über den Hof gingen. Er war schnell erschöpft. Noch immer schmerzte sein Kopf. Er hatte Schwierigkeiten, sich zu konzentrieren und vergaß, was man ihm wenige Minuten zuvor gesagt hatte. Sein linkes Auge war blind, und er konnte nicht mehr Auto fahren.

Er konnte nicht mehr Traktor fahren.

12.

1895 taten sich in der Lüneburger Heide ein paar Hundert Rinderzüchter zusammen: Ihre Kühe sollten mehr Milch geben, darum gründeten sie eine Schule, an der Jungbauern fortan alles über neueste wissenschaftliche Methoden der Viehzucht, Rinderhaltung und Milchgewinnung lernten.

Im Sommer 2003 war die heutige »Lehr- und Versuchsanstalt für Tierhaltung« in Echem noch immer eine ausgewiesene Adresse, und ich wollte mein zweites praktisches Ausbildungsjahr dort absolvieren. Ich hatte Glück: Man nahm meine Bewerbung an. Neugierig auf neueste Forschung und Entwicklung reiste ich an. Und merkte bald, dass ich fehl am Platz war, denn außer mir wurden auch sämtliche niedersächsischen Landwirtschaftsazubis in ihrem dritten Lehrjahr zu mehrwöchigen Lehrgängen an die Lehr- und Versuchsanstalt geschickt, und sobald wieder eine neue Gruppe anreiste, molken, fütterten und tränkten diese Lehrlinge, und ich stand herum. Am Ende verbrachte ich die meiste Zeit damit, aufzuräumen und den Hof zu fegen.

An einem Nachmittag im Herbst, als wir zu Hause auf dem Platz vor der Maschinenhalle die Vorderachse des Schleppers abschmierten, sprach ich mit Papa.

»Ich lerne dort nichts.«

Er richtete sich auf und hob die Augenbrauen.

»Ich stehe den ganzen Tag in irgendwelchen Stallgruben, reinige Spaltenböden oder putze Lampen. Es ist vergeudete Zeit.«

»Was willst du machen?« Er kratzte sich am Kopf, dann schob er die leere Wanne unter das Zugmaul, wo wir den Wagenheber angesetzt hatten. »Willst du dir einen anderen Betrieb suchen?«

»Ich weiß nicht.« Ich tastete nach dem Schmiernippel. Wir hatten zwei Felder gedüngt, deren Pacht ausgelaufen war, und am nächsten Morgen in der früh würde ich mit dem Grubber rausfahren und den Dünger in den Boden graben.

Papa brummte etwas, das ich nicht verstand, und ging in die Halle, um einen Lappen zu holen. Ich sah ihm nach. Seine Bewegungen waren steif und etwas eckig. Seine Brüche waren verheilt, und seit dem letzten Reha-Aufenthalt konnte er besser laufen, doch er war immer noch schwach. Seine Sehbehinderung hielt ihn nicht davon ab, Auto zu fahren, meist auf dem Mittelstreifen, und alle, die ihm entgegenkamen, hupten und blendeten die Scheinwerfer auf. Er schüttelte den Kopf über diese Aufgeregtheit. »Was wollen die? Ich fahr' doch hart am rechten Rand!«

Eine Brille?

»Brauch' ich nicht!«, wetterte er. »Stört bloß bei der Arbeit. Und bei der Jagd …« Verschwörerisch blinzelte er mit seinem gesunden Auge, »da zielt man ohnehin mit rechts.«

Erst als Papa im Kreisverkehr ein Auto rammte, wurde er vorsichtiger. Seither saß er neben mir auf dem Traktor und erklärte mir, dass ein Grubber an drei Punkten aufgehängt war, ich also die Tiefe, mit der sich die Zinken in den Boden gruben, über den Oberlenker, aber auch über die Stellung des Unterlenkers regulieren konnte. Er erklärte, wie man die Pflugscharen hob und mit dem Beetpflug eine gerade Kopffurche zog. Er stapfte übers Feld und gab Anweisungen, wenn ich mit dem Rotortiller Mist in den Boden grub. Er stand am Rain und sah zu, wie ich Heu wendete. Wenn er müde wurde, ging er heim, und ich kurvte allein mit 15-Tonnen-Maschinen übers Feld und dachte daran, wie oft Papa, wenn irgendwo ein Feld nicht eben und gerade gepflügt war, schimpfte: »Schau dir diese Furchen an – schief wie der Bulle pisst! Der Bauer, dem der Acker gehört, geht bestimmt bald pleite.«

Ich beugte mich vor und drückte frisches Fett in den Schmiernippel. Erst als ein wenig davon austrat, setzte ich die Fettpresse ab und tastete nach dem Lappen. Die Krähen hatten sich auf dem Kirchturm niedergelassen. Papa schloss das Tor der Maschinenhalle. Er zog einen Hackklotz heran und ließ sich darauf nieder. Wieder kratzte er sich am Kopf. Mit einem festen Ruck zog er seine Mütze tiefer ins Gesicht. Ich wusste genau, was er dachte.

»Es müsste ein Betrieb in der Nähe sein, nicht wahr?«

Er nickte.

Ich stellte die Fettpresse beiseite und wischte mir die Finger ab. »Ich könnte nach Rebenstorf zurückgehen. Aber das letzte Ausbildungsjahr ist auch eine Chance, noch etwas Neues zu lernen. Einen anderen Betrieb kennenzulernen, eine andere Bestandsführung, andere Anbausysteme und Maschinen.«

Papa nickte. Nebenan im Stall des Nachbarn muhten die Kühe, es war Melkzeit. Auf der angrenzenden Wiese schnaubte Ondra. Langsam senkte ich den Wagenheber, bis die Reifen des Schleppers den Boden berührten.

»Oder meinst du, ich könnte bei Karl Behrend anfangen?«

»Bei dem?« Papa zog scharf Luft ein. Behrends Hof war einer der größten in der Gegend mit 85 Stück Milchvieh, 450 Hektar Ackerland und einer eigenen Biogasanlage. 50 Hektar hatte er von uns gepachtet, und immer wieder hatte es Ärger um Land und Lieferrechte gegeben. Behrend gefiel es nicht, dass Fremde kamen und Felder kauften, die er bewirtschaftete. »Ach, Isa …«

Ich zuckte mit den Schultern und rieb Schmieröl von meinen Fingern. Schließlich sammelte ich das Werkzeug ein.

»Na ja«, sagte Papa, als ich wieder aus der Halle kam. »Ich kann ja mal mit ihm reden.«

Ein paar Tage später gingen wir die Dorfstraße hinunter. An der Bushaltestelle saß eine Katze auf dem Dach des Wartehäuschens und putzte sich die Pfoten. Auf dem Spielplatz schaukelte ein Mädchen in roten Gummistiefeln. Die Blätter der alten Eichen leuchteten gelb.

Der Hund schlug an, als wir den Hof erreichten.

»Was treibt euch denn her?« Karl Behrend stand im Tor zum Kuhstall, in der Hand eine Mistforke. Er war nicht sehr groß, aber kräftig, und obwohl er jünger war als Papa wurde sein braunes Haar an den Schläfen schon grau. Er trug Gummistiefel und einen Kittel, und sein Gesicht war von der Kälte gerötet. Sein Blick war skeptisch.

»Tag, Karl«, sagte Papa und schob die Hände tiefer in die Taschen. Ich stellte die Schubkarre ab. »Ich wollte noch 'nen Sack Hafer für die Pferde kaufen.«

Behrend nickte. Er lehnte die Forke an die Stallwand und rief seinen Hund zurück. »Sollte kein Problem sein.«

Schwalben stürzten unter dem Dach des Wohnhauses vor, als er zur Scheune ging. Der Hund folgte ihm ein Stück, dann kehrte er um und legte sich vor die Tür der Milchküche. Der Wind wehte den vertrauten Geruch von Rindern herüber, und ich ging ein paar Schritte Richtung Stall. Das Tor stand offen. Es war ein Boxenlaufstall wie bei Paul Hermann, und die Kühe standen in langen Reihen, die Köpfe durch die Fressgitter gesteckt, und schmatzten und malmten. Einige sahen auf, sie kannten mich nicht. Behrends Vieh wirkte gesund und kräftig. Er führte seinen Betrieb sehr erfolgreich.

Der Hund schnüffelte an meinen Beinen, und ich bückte mich und kraulte ihn hinter den Ohren. Eine Weile lauschte ich dem gleichmäßigen Atmen und Kauen der Kühe.

Als ich Schritte auf dem Schotter hörte, wandte ich mich um. Behrend ließ einen Sack zu Boden. Er nannte

Papa einen Preis, sie verhandelten. Papa gab ihm Geld. Ich richtete mich auf und ging zu ihm.

»Warte einen Moment«, sagte Behrend und verschwand im Haus.

»Fragst du ihn?«, raunte ich. »Sonst mach' ich es.«

»Schttt.« Papa wischte sich übers Gesicht.

Nach ein paar Minuten kam Behrend zurück. Er gab Papa einen Zehner.

Papa steckte ihn in seine Hosentasche.

Ich holte Luft.

Behrend pfiff seinen Hund aus dem Kuhstall. Er rieb sich die Hände und zog die Nase hoch. Seine Ohren waren knallrot. Hinter dem Haus mähte die alte Frau Gruber von nebenan den Rasen.

»Sag, Karl, kannst du mich nicht als Lehrling anstellen?«, platzte es aus mir heraus. »Nur für den Rest des Schuljahrs.«

Er runzelte die Stirn. Zog wieder die Nase hoch und kratzte sich am Hals.

»Könnt' ich schon machen«, sagte er nach einer Weile.

Papa räusperte sich.

Ich holte die Schubkarre, und Behrend wuchtete den Zentnersack Hafer hinein.

Auf dem Nachhauseweg schob ich die Karre. Papas Schritte schleiften über den Asphalt. Er zog die Schultern hoch und grub die Hände tief in seine Taschen.

»Immerhin bin ich in Lomitz. Ich kann euch jederzeit helfen.«

Er murmelte etwas Unverständliches und klappte seinen Kragen hoch.

Den Rest meines dritten Lehrjahrs arbeitete ich bei Karl Behrend. Ich molk Kühe, versorgte das Jungvieh, mistete aus und füllte den Futtermischwagen, kümmerte mich um die Rapsmühle und kontrollierte Temperatur und pH-Werte in der Biogasanlage. Ich vertiefte meine Kenntnisse im Kartoffelanbau. Eines Tages fuhr ich mit Behrends altem Fendt-Traktor ins Nachbardorf, um Schlempe, ein Futtermittel für die Färsen, zu holen. Auf dem Rückweg brauste ich mit vierzig Stundenkilometern und in Gedanken versunken über die Landstraße Richtung Lomitz, als ich im letzten Moment die Abzweigung bemerkte und das Steuer herumriss – im selben Augenblick hoben sich links die Räder, und mit einem markerschütternden Kreischen kippten Traktor, Anhänger und Fass nach rechts und landeten im Straßengraben.

Als Karl Behrend beim Mittagessen mit finsterem Gesicht sagte: »Für die Zukunft, Isa: Das Gaspedal ist rechts, die Bremse links«, schämte ich mich, wie ich es selten in meinem Leben getan hatte.

Das war allerdings auch die größte Herausforderung meines letzten Lehrjahrs. Im Sommer 2004 bestand ich die Abschlussprüfung – mit 1,5 als Jahrgangsbeste, wie ich es Mama und Papa versprochen hatte. Vom Bundesministerium für Bildung und Forschung bekam ich ein Stipendium: fast 6.000 Euro für weitere Lehrgänge und Fortbildungen. Meine Eltern waren stolz und wahrscheinlich auch erleichtert und luden Flora und mich in ein chinesisches Restaurant ein. Am Tag darauf berichtete die Elbe-Jeetzel-Zeitung über die Abschlussprüfungen. Neben einem Foto der Absolventen stand: *Isabell Aue war Spitze.*

Auch ich war stolz und glücklich.

Ich war am Ziel – ich war Landwirtin!

13.

Als Nächstes wollte ich Betriebswirtin werden und begann wenige Wochen später meine Ausbildung an der Fachschule in Lüchow.

Wie metabolisierten sich Pflanzenschutzmittel im Boden? Welche Stall- und Haltungssysteme gab es, und wie steigerte ich die Leistung meiner Tiere? Wie verliefen Hormonzyklen bei Schweinen, und wie ließ sich die Brunst steuern? In der neuen Klasse war ich nun das einzige Mädchen, doch das störte mich nicht. Neugierig sog ich alles über Herdenmanagement und Verfahrenstechnik auf, über Anbau-, Einkaufs- und Vermarktungsstrategien, über Motorentechnik, Bioenergie, Gentechnik, Marktanalyse, Preis- und Nachfrageelastizitäten, Marketing und Politik. Außerdem lernten wir jetzt auch, einen Betrieb zu führen: Wirtschaftlichkeitsberechnungen und Jahresabschlüsse, Rentabilität, Stabilität, Liquidität – zum ersten Mal ließ mein Interesse an Tierkunde ein wenig nach, weil ich mich Hals über Kopf in Betriebswirtschaft und Mathematik stürzte.

Nach dem Unterricht fuhr ich nach Hause und pflügte, säte, mähte. Ich brachte Dünger aus und machte Heu, ich fuhr Stroh zusammen und Getreide zum

Landhandel. Wir kastrierten Lämmer, mästeten Gänse, schlachteten Hühner. Schafscherer kamen und schoren die Schwarzkopfschafe, die meine Eltern angeschafft hatten, und wir schnitten Klauen. Wir verabreichten Wurmkuren und holten Lämmer auf die Welt. Abends saß ich im Büro, rechnete und bilanzierte, prüfte Abschlüsse und legte ein Betriebsbuch an, in dem ich unseren Hof analysierte: natürliche Standortbedingungen, Betriebstypermittlung, Vermögensbewertung, Bestandsaufnahme, Kostenaufstellung, Planungskalkulation.

Eines Nachts hörte ich Schritte auf der steilen Treppe. Ich speicherte meine Exceltabelle und sah auf die Uhr.

»Es ist nach Mitternacht.« Papa lehnte im Türrahmen. Er trug einen alten grünen Overall. Er sah müde aus. »Übertreibst du nicht allmählich?«

Meine Augen brannten, und das Licht der Schreibtischlampe fiel hart und hell auf mein Gesicht. Ich schüttelte den Kopf: »Ich will noch den Jahresabschluss durchrechnen.«

»Du solltest schlafen gehen, Isa.«

»Was nutzt es, wenn ich gut Trecker fahren kann, aber meine Zahlen nicht stimmen?«

»Nichts.« Papa seufzte. Mit schweren Schritten ging er zum Fenster. Bei jedem Schritt knackte sein Fuß. Er schob einen Stapel Unterlagen beiseite und setzte sich auf den einzigen Stuhl. »Trotzdem übertreibst du.«

»Es geht schnell, nur noch zwei, drei Minuten.«

Papa seufzte wieder. Er griff nach meinem Handy, das auf dem Stapel lag. Aus dem Augenwinkel sah ich, wie er es vor sein Gesicht hielt, es vor und zurückschob, ein

Stück nach rechts, ein Stück nach links, es hin- und herbewegte. Sein Gehirn hatte sich an die Einäugigkeit gewöhnt, er konnte Entfernungen wieder besser einschätzen, doch Kleingedrucktes wie die Ziffern einer Telefonnummer auf einem Display konnte er kaum erkennen. Auch am Computer war er hilflos. Daran hatten auch die Reha-Aufenthalte nichts geändert.

Die Lüftung rauschte, und ich ließ den Cursor ans Ende der Zahlenreihe sausen, speicherte meine Tabelle ab und schloss den Ordner. »Es ist unglaublich, was wir in der Schule alles lernen.« Ich rieb mir die Augen. »Von wegen ›dumm wie ein Bauer‹!«

Papa warf das Handy auf den Tisch.

Ich ließ die Hände sinken und sah auf. »Ist was?«, fragte ich.

Er schüttelte den Kopf. Wischte mit den Händen über den rauen Stoff seiner Hosenbeine und räusperte sich. Rieb seine Knie. Streckte die Beine aus. »Ich muss mit dir reden«, sagte er schließlich.

»Jetzt?« Ich fuhr den Computer herunter. »Es ist nach Mitternacht. Du übertreibst, Papa.« Ich lachte, schaltete den Bildschirm aus und lehnte mich zurück. Für einen Moment schloss ich die Augen.

Als ich sie wieder öffnete, blickte ich in ein blasses, ernstes Gesicht. »Was ist los, Papa?«

Er lehnte sich zurück. »Die Krankenkasse hat geschrieben«, sagte er, und seine Stimme klang brüchig wie trockenes Laub. Seine Lippen waren schmal, fast weiß. Ich sah, wie er nach Worten suchte. Wie er mit sich rang.

»Ich bin berufsunfähig«, sagte er leise.

»Du bist … was?« Ich setzte mich auf. »Aber du hast dich gut erholt. Die vielen Reha-Aufenthalte …« Ich schluckte. Ich wusste, wie er sich gequält hatte, um wieder laufen zu können. Wie er sich schämte, wenn er vergaß, was man ihm eben gerade gesagt hatte. Wie er seine Fahrigkeit mit Humor überspielte.

Papa senkte den Kopf: »Du weißt, Isa, dass ich nicht mehr der Alte bin.«

»Aber du machst große Fortschritte.«

Er ließ die Hände in den Schoß sinken, seine riesigen Hände, die alles konnten.

»Ich tauge nicht mehr als Landwirt.«

Ich schluckte.

»So haben sie es nicht geschrieben, aber das bedeutet es doch.«

»Aber …« Ich öffnete den Mund und schloss ihn wieder. Sein Leben lang hatte Papa Felder gepflügt, Kartoffeln gerodet, Schweine gemästet, Hühner geschlachtet. Bei jedem Wetter saß er auf dem Traktor, hegte seine Böden, seine Wälder, seine Tiere, er pflegte, was Generationen vor ihm aufgebaut hatten, und tat alles, damit der Hof auch in Zukunft wachsen würde. Am Ende des Tages roch er nach Erde, nach frischer Luft und gemähtem Heu – er war Landwirt mit Leib und Seele. Und nun sollte er, ein Frührentner von 52 Jahren, im Bademantel zwischen Küche und Fernsehsessel hin- und herschlurfen, wöchentlicher Höhepunkt wäre eine Runde Senioren-Rommé in der Altenbegegnungsstätte der nächsten Kreisstadt?

Weihnachten 1987. Mein Geschenk: Ein MB-Trac.
Papa hat den gleichen, nur in Groß!

1992. Ich mit unserem Schlachtschwein Cornelius, dahinter meine Schwester Flora

1988. Papa, Jagdhund Bonnie und ich mit erlegtem Rehbock

1992. Opa Karl-Heinz, Flora, ich und Papa mit Ferkel Cornelius II. Ziege Conny schaut interessiert zu

1990. Bonnie und ich

2001. Minipony Mary und ich

2000. Äsche und ich auf einem 1400er MB-Trac mit Rotortiller und Frontgrubber

2003. Ich in meinem zweiten Lehrjahr vor der Einfahrt zum Kuhstall von Lothar Främke

2003. Ich beim Kühe füttern in Lothar Främkes Kuhstall

2002. Ich beim Waschen meiner Färse auf einem Jungzüchterwettbewerb

2002. Hier stelle ich meine Färse auf dem Jungzüchterwettbewerb vor

2009. Ich auf Ondra, Flora mit Sternchen. Immer noch baden wir gern mit Pferden

1992. Flora auf Hella mit Mama beim Baden

2013. Robert und ich auf Mallorca. Das Bild wird später unsere Hochzeitseinladungen zieren

Niemals!, dachte ich.

»Die Prognosen der Ärzte sind eindeutig.«

Niemals!

Er seufzte: »Ich hab's ja geahnt. Und es hätte alles noch viel schlimmer kommen können.«

Er hatte recht.

Eine Weile schwiegen wir beide und lauschten der Stille, die alles auszufüllen schien.

»Aber das bedeutet auch …« Papa räusperte sich, und ich merkte, wie eisige Kälte meine Beine hinaufkroch.

»Es bedeutet, dass ich den Hof abgeben muss.«

»Niemals!« Ich sprang auf. Und sackte im nächsten Moment in meinen Stuhl wie ein schlaffer Gummiball. Papa schüttelte den Kopf. Er sah mich an – ein Gesicht, in dem Schmerz und Beherrschung miteinander rangen.

Er zuckte mit den Schultern. »Ich bekomm' sonst keine Rente.«

Ich spürte, wie die Kälte meinen Bauch ausfüllte. Darum hatte ich seit Tagen, wenn ich die Treppe hinuntergestiegen und in mein Zimmer gegangen war, Licht im Schlafzimmer brennen sehen, einen schmalen hellen Streifen, der über dem Boden zu schweben schien. Darum hatte ich hinter der geschlossenen Tür gedämpfte Stimmen gehört.

»Es gibt zwei Möglichkeiten«, sagte Papa, und ich sah, wie in seinen Zügen die Beherrschung über den Schmerz siegte. »Entweder ich verpachte …«

»Ein Fremder soll unseren Hof führen?«

»Oder …« Er sah mich an. Ein forschender Blick, einer, der meine hintersten Winkel auszuleuchten schien, jede Bewegung in meinem Gesicht registrierte, jede Regung, jedes Zucken. »Oder du pachtest ihn.«

»Natürlich übernehme ich den Hof.« Wie von selbst schossen die Worte aus meinem Mund.

»Überleg es dir gut. Du bist gerade erst 18 geworden. Weißt du, was du in deinem Leben noch machen willst?«

»Natürlich, ich will unseren Hof führen!« Ich war seine Tochter, er selbst hatte mich auf dem Trecker überallhin mitgenommen, mich beim Pflügen auf dem Feld gewickelt und gefüttert, mir alles beigebracht, was er konnte, was er wusste. Ein anderes Leben als das, das ich führte, konnte ich mir nicht einmal vorstellen. Mein Platz war hier – wie konnte ausgerechnet er daran zweifeln?

»Vielleicht willst du ja mal ein halbes Jahr um die Welt reisen.«

»Zwei Wochen auf den Kanaren reichen mir.« Ich machte mir nichts aus Reisen. Ich fuhr gern mal in den Urlaub, aber nach zwei Wochen am Strand überkam mich regelmäßig die Langeweile.

Papa hob die Augenbrauen, doch in seinen Augenwinkeln sah ich ein kurzes Blitzen.

»Ja! Warum sollte ich ein halbes Jahr um die Welt reisen?« Ich fuhr mir durchs Gesicht, strich die Haare zurück, die sich gelöst hatten. »Ein halbes Jahr, in dem ich nichts säe und ernte? Nicht mitbekomme, wie sich die Tiere entwickeln und die Böden verändern? Ein halbes Jahr, in dem ich überhaupt nichts schaffe? Was für eine Zeitverschwendung!« Mein Blick glitt über die Ordner mit den Jahresabschlüssen, Katasterauszügen, Pachtverträgen, Flächenanträgen. Die Anmeldung für das Stipendiaten-Seminar *Kommunikation und Rhetorik,* das ich in zwei Wochen besuchen würde. Ich hatte stets darauf hingearbeitet, nach meiner Ausbildung unseren Hof zu übernehmen. Ich wollte Verantwortung tragen. Ich wollte etwas aufbauen.

Papa seufzte und wandte den Blick ab. Er schüttelte den Kopf: »Du bist ein Mädchen«, sagte er, als wäre ihm das eben erst bewusst geworden.

Ich schnappte nach Luft: »Na und? Ich kann genauso viel wie ein Junge.« Ich streckte die Schultern. »Sogar mehr.«

»Einen Hof zu führen ist was anderes.«

»Warum?«

»Du brauchst Ausdauer. Und du brauchst Geschick, ein Hof führt sich nicht einfach so.« Er betrachtete seine Hände. Er sah aus wie jemand, der eine große Anstrengung hinter sich gebracht hatte.

Ich stand auf und ging zu ihm. Ich setzte mich auf seinen Schoß, wie ich es früher getan hatte. »Erinnerst du dich an den Trettrecker, den du mir zu Weihnachten geschenkt hast, als ich zwei war?«

»Den MB-Trac, mit dem du fast in den Tannenbaum gekracht bist?«

»In den Baum gekracht?«

»Jaahaaa!« Papa lachte, und seine Züge entspannten sich. »Du bist ganz schön sportlich gefahren.«

Ich lächelte und legte meinen Arm um seine Schultern. »Jedenfalls habe ich schon als Kind gewusst, dass ich, wenn ich groß bin, den Hof übernehmen werde.«

»Jaaa …« Papas Lachen ging in einen Seufzer über, ein Geräusch wie von einer Katze, die man vom Sofa vertreibt. Ich beugte mich vor, um sein Gesicht besser zu sehen.

Lag da Rührung in seinem Blick?

Papa war nie ein Mann für Sentimentalitäten gewesen, doch seit dem Unfall hatte sich auch das verändert. Manchmal sah ich ihn vorm Kaninchenstall stehen, er betrachtete die Tiere, und etwas in seiner Haltung, seinem Gesicht war anders. Er war weicher geworden, mitfühlender, und ich liebte ihn dafür umso mehr.

Ich gab ihm einen Kuss auf die Stirn und drückte seine Hand. »An meinem Plan, Papa, hat sich nichts geändert.«

14.

Der Himmel war grau. Schneeregen klatschte gegen die Scheiben. Ich trug einen Lodenmantel und Thermohosen, und meine Gummistiefel schmatzten, als ich ums Auto lief und die Querflinte in den Kofferraum legte.

»Haben wir alles?«, fragte ich. »Den richtigen Schrot? Jagdhorn, Messer, Warnbänder?«

»Alles eingepackt.« Papa öffnete die Tür zum Fond; dann schüttelte er den Kopf und schloss sie wieder. Es sprang kein Hund ins Auto – Äsche war tot. Sie war an einer Gebärmutterentzündung gestorben, gerade einmal fünf Jahre alt. Auch mir passierte es noch, dass ich auf dem Traktor saß und die Hand nach ihr ausstreckte – und staunte, dass ich ins Leere griff.

Ich schluckte und schloss den Kofferraum.

Die Dörfer schliefen noch. Hier und da brannte eine Lichterkette, Fenster waren vorweihnachtlich geschmückt. Bei Farmsen lief ein Hase über die Straße und ich bremste, kurz vor Schellerten war die Straße gefroren und ich fasste das Lenkrad fester. Das Radio spielte, und in den Acht-Uhr-Nachrichten sagte der Sprecher, dass David Cameron zum neuen Vorsitzenden der britischen Konservativen gewählt worden war und weiterhin mit Frost zu rechnen sei.

Eisiger Wind schlug uns ins Gesicht, als wir vor der alten Sparkasse in Hüddessum ausstiegen. Als die kleine Landfiliale unrentabel geworden war und man die Kunden in die nächste Stadt verwies, hatte Onkel Heinrich das leer stehende Gebäude gekauft. Nun trafen sich die Landfrauen in der ehemaligen Schalterhalle, der örtliche Literaturkreis, die Wandergruppe, die Jäger; die Wohnungen im Obergeschoss waren vermietet.

»Hallo, Isa.« Mein Cousin klappte den Kragen hoch und den Kopf herunter. Er war fast zwei Meter groß, ein Kerl wie ein Baum. Trotzdem nannten ihn alle immer noch den »kleinen Heinrich«.

»Hallo.« Ich stupste ihn in die Seite.

Er grinste: »Wie geht's?«

»Gut.« Ich suchte in den Taschen meines Mantels nach meinen Handschuhen. Heinrich hatte auch ein Berufsgrundbildungsjahr absolviert und dann auf einem Hof und in einem Mastschweinbetrieb gelernt; im Sommer würden wir beide an der Fachschule für Agrarwirtschaft in Hildesheim unsere Ausbildung zum Betriebswirt fortsetzen. Es gab niemanden, der mehr über organische Düngung wusste – Putenmist, Gülle, Hühnertrockenkot. »Scheiße«, sagte er gern, »ist mein Steckenpferd.«

Jetzt bückte er sich. In Hüddessum hatte es in der Nacht geschneit. Doch der Schnee klebte nicht und rieselte ihm durch die Finger. Ich sah mich um. Vor dem Eingang begrüßte Papa eine Gruppe Jäger, schüttelte jedem die Hand, scherzte und lachte. Etwas abseits stand der Mann, der mich vor zehn Jahren gefragt hatte, wie alt ich sei. Seine Wangen waren noch immer vogelbeerenrot.

»Komm, wir gehen auch rein.« Heinrich rieb sich die Hände. »Meine Mutter hat Frühstück gemacht.«

»Oh ja, ein Kaffee wäre wunderbar.« Ich war müde, denn ich hatte mit Nathaly beim Weihnachtsball der Landjugend die Nacht durchgetanzt. Wir kannten uns aus der Berufsschule, bei Lehrgängen hatten wir, die beiden einzigen Mädchen, immer ein Zimmer geteilt. Sie hatte kurze Haare, kurze Beine und breite Hüften, und als sie ein einziges Mal ein Kleid trug, fragte ein breitschultriger Kerl aus der Nachbarklasse, warum sie ausgerechnet einen Reifrock ausgewählt habe. »Weil mein Arsch so dick ist«, hatte Nathaly geantwortet. Sie war nicht auf den Mund gefallen und auch sonst recht burschikos, doch es war immer lustig mit ihr.

Nach dem Frühstück liefen Heinrich und ich zum Hof. Neben der Einfahrt stand ein Traktor, und eine Gruppe Treiber duckte sich im Windschatten des Anhängers. Sie trugen Warnwesten und hatten ihre Hüte und Mützen tief ins Gesicht gezogen, von einem sah man nur noch eine rote Nase und einen eisgrauen Schnauzbart. Sie rauchten, Qualm hüllte ihre Köpfe ein. Die meisten Jäger hatten ihre Flinten schon geschultert. Zwei Bläser setzten an und sandten ein paar Töne in die kalte Luft, der Wind trug sie über den Platz. Die Jagdhörner blitzten, und die Hunde zitterten, sie zerrten an den Leinen und jaulten, ein Weimaraner heulte, als wittere er schon den Schweiß der Hasen. Ein Deutsch Drahthaar fletschte die Zähne, und sein Rückenfell stellte sich auf. Mir lief eine Gänsehaut über den Rücken. Ich liebte diesen Moment, kurz bevor es zur Jagd ging.

Ich folgte meinem Cousin zu ein paar jüngeren Leuten, die vor der alten Kastanie standen. Philipp, der muskelbepackte Junge aus dem Berufsgrundbildungsjahr, führte seine Browning 325 vor. Seit über drei Jahren hatten wir uns nicht gesehen – ob er tatsächlich Fischwirt geworden war? Er war gebräunt, er sah fast aus wie ein Grillhähnchen, und irgendwie konnte ich ihn mir besser als Animateur in einer Ferienclubanlage auf Mallorca vorstellen.

Neben Philipp stand ein Jäger mit kurzen dunklen Haaren. Er war der Einzige, der keine Mütze trug, und seine Ohren waren rot von der Kälte. Als er mir zunickte, bildeten sich feine Lachfältchen um seine Augen. Er hielt eine Deutsch-Kurzhaar-Hündin an der Leine, hochbeinig, schlank, das Fell schwarz-weiß gefleckt. Sie schnüffelte an meinem Bein.

»Aus.«

Ich bückte mich. »Sie ist sehr schön. Wie heißt sie?«

»Dana.«

Danas feuchte Nase schnüffelte an meinen kalten Fingern. Sie hob den Kopf, ihre Ohren waren leicht nach vorn gerichtet, auf ihrer Stirn standen ein paar neugierige Falten. Sie musterte mich, dabei hob sie die rechte Vorderpfote. Ich kraulte ihren Kopf und streichelte sie unter dem Kinn.

»Sonst ist sie nicht so neugierig und zutraulich.«

Ich sah auf, in zwei blaugraue Augen, offen und freundlich.

»Vielleicht merkt sie, dass ich sie mag?«

Danas Herrchen lächelte. Lachfältchen und ein Blick wie warmes Wasser.

Ich erhob mich. »Haben wir uns hier schon mal gesehen?«

Er schüttelte den Kopf.

»Ich bin Isabell.«

Er ergriff meine Hand und nickte. »Robert.«

»Wohnst du in der Gegend?«

»In der Nähe von Sarstedt.« Seine Stimme klang rau und ein bisschen kratzig. »Liegt zwischen Hildesheim und Hannover.«

»Weiß ich.«

Er deutete auf meine Hände. »Hast du keine Handschuhe?«

»Doch, aber ich weiß nicht, wo sie sind.« Ich zuckte mit den Schultern.

Er nickte. Dann deutete er in Heinrichs Richtung. »Wir gehen in dieselbe Klasse.«

»Noch ein angehender Landwirt?«

»Keine große Überraschung, was?«

Ich lachte und rieb meine Hände. Robert war größer als ich. Er hatte breite Schultern und dunkle, dichte Augenbrauen.

»Und du?«, fragte er.

»Auch.« Ich blies in meine Hände. »Landwirtin, meine ich.«

»Ist schon eher ’ne Überraschung. Es gibt nicht viele Mädchen, die auf einem Hof arbeiten wollen.«

»Ich wüsste nicht, was ich sonst tun sollte.« Ich schob die Hände in die Taschen meines Mantels.

Als die Bläser zum Aufbruch bliesen, lief ich zum Auto und holte meine Flinte. Unter der Gewehrtasche fand ich meine Handschuhe.

Als ich zurückkam, startete Heinrich gerade den Traktor. Robert half mir auf den Anhänger. Nebeneinander hockten wir auf Strohballen und schaukelten unter einem felsgrauen Himmel durch die Landschaft, die unter der dünnen Schneeschicht aussah wie ein Märchenbild. Ich fragte ihn nach seiner Ausbildung. Er sagte, er würde im Sommer auf die Fachschule in Hildesheim wechseln.

Im Revier teilten sich Jäger und Treiber in zwei Gruppen. Wir stapften über ein gefrorenes Feld, und Robert fragte mich, warum ich unseren Hof übernommen hatte. Ich erzählte von Papas Unfall. Davon, wie ich aufgewachsen war, von den Tieren und der Natur, von dem Glück und dem Leben, das ich führen wollte.

Mittags, als alle am Feldrand heiße Erbsensuppe löffelten und der Wind an unseren Jacken und Mänteln zerrte, redeten wir über Jagdhunde, die wir ausgebildet hatten. Über Schweißfährten, Spurenkunde und Schusssicherheit. Ich erzählte, wie Papa mir als Kind die Abenteuer vom Wilderer Kleinschmidt vorgelesen hatte. Ich erzählte von meinem Lieblingsbuch, später, als ich selbst lesen konnte, mit den Geschichten über Muffelwidder, Sikahirsche, Schnepfen und Bekassinen, über Keiler und

Marderhunde, wieder und wieder hatte ich sie gelesen, auch noch, als ich sie längst auswendig konnte.

Ich sagte: »In Lomitz haben wir auch tolle Jagdreviere, mit Hirschen, Wildschweinen und Damwild.«

Er sagte: »Es kommt nicht oft vor, dass sich ein Mädchen so für die Jagd begeistert.«

Ich meinte, Anerkennung in seinem Blick zu sehen. Und eine Spur Bewunderung?

Abends beim Schüsseltreiben in der ehemaligen Sparkasse, als Tante Carola und ihre Mutter Kartoffeln und Klöße auftischten, Grünkohl und Rotkohl und Selleriesalat, Braten mit dunkler Soße und Platten voller Würste, redeten wir über Rotortiller, Grubber und Traktoren. Wir schwärmten von MB-Tracs, sie waren einfach die besten Traktoren. Als Papa zum vierten Mal zum Aufbruch mahnte, grub ich in meinen Taschen nach einem Zettel, fand eine Tankquittung und kritzelte meine Telefonnummer auf die Rückseite.

Robert sah mich an.

Lächelte.

Nickte.

Dann faltete er den Zettel sorgfältig und steckte ihn in seine Hosentasche.

Ich dachte jeden Tag an ihn.

Er rief nicht an.

Ich traute mich nicht, selbst anzurufen.

Das Telefon schwieg.

Was wusste ich über ihn? Vielleicht hatte er eine Freundin? Warum hatte ich ihn nicht danach gefragt?

Monate vergingen.
Die Erinnerung wurde blasser.
Doch sie verschwand nicht.

Die Kellnerin brachte Kuchen, und Nathaly blies in ihren heißen Milchkaffee, als mein Handy klingelte.

»Isa.« Papas Stimme, munter wie Jungvieh auf der Weide. »Wo steckst du?«

»In einem Café in Lüchow. Ist was passiert?«

»Ich dachte, ich sag' dir schnell Bescheid.«

Mein Herz klopfte.

»Eben kam ein Anruf für dich.«

Ich hatte nicht mehr damit gerechnet.

»Hat sich ganz schön Zeit gelassen.« Ein Glucksen. Ein kurzes Kichern.

Ich schluckte: »Besser als nie, oder?«

15.

Wir schoben uns zwischen Buden hindurch, es roch nach Bratwürsten und Paradiesäpfeln, nach gebrannten Mandeln und Bier. Am Westufer spielte eine Band alte Hits von Status Quo, und draußen auf dem Wasser warf eine Lichtorgel rote, gelbe und grüne Lichter in die Nacht. Ein Mädchen kreischte, und ein Kind schrie »Mama!«, eine Frau mit einem Lebkuchenherz um den Hals lachte mich an, und ein Mann legte den Arm um sie. Drüben am Nordufer spiegelten sich die Lichter der Pavillons im Wasser, und dahinter, vor einem schwarzen Himmel, schien die grüne Kuppel des Hannoveraner Rathauses über den Bäumen zu schweben.

Ich blieb stehen und deutete auf eine niedrige Mauer. »Wollen wir uns hinsetzen?«

»Lass uns noch ein Stück weitergehen. Vielleicht finden wir eine Stelle, wo es nicht so voll ist.«

Neben uns begann jemand Geige zu spielen, ein zweiter Musiker setzte ein, ein dritter stimmte mit rauchiger Stimme ein irisches Lied an. Ein Stelzenläufer in einem Kostüm aus rosa Federn stakste an ihnen vorbei.

An der Maschseequelle schlängelte sich Robert zwischen den Bars hindurch und zum Ufer hinunter. Als ich ihm folgte, rutschte ich und griff nach einem Weidenzweig. »Au!«

Er blieb stehen. »Geht's?«

Ich nickte. Mein Daumen schmerzte. Vor zwei Wochen hatte ich mit Papa die Schafe auf eine andere Weide gebracht. Der Zaun war schon gesteckt, und ich koppelte den Wasserwagen vom Landrover ab, als die Deichsel heruntersauste und mit dem Gewicht von 1.000 Litern Wasser auf meinem Daumen landete.

»Stell dich nicht an«, sagte Papa. »Es blutet ja nicht mal.«

Erst als ich mich setzte, weil mir schwarz vor Augen wurde, merkte er, dass es ernst war. Er trieb die Schafe in den neuen Pferch und brachte mich ins Krankenhaus, wo die Ärzte mir ein Schmerzmittel gaben und meine gebrochene Fingerkuppe schienten. Trotzdem würde ich morgen mit Jenna, unserer Deutsch-Drahthaar-Hündin, die ich zum Jagdhund ausgebildet hatte, zur Leistungsprüfung antreten. Sie war viel schwieriger zu führen als Äsche, legte sich stets ins Zeug, und man wusste nie, ob sie auf der richtigen oder einer falschen Fährte war, doch bei der Entenjagd apportierte sie zuverlässig jede Ente. Die Hegewaldprüfung war *die* Prüfung, nur ausgewählte Hunde wurden eingeladen.

»Setzen wir uns?« Robert deutete auf eine Bank unter einer Trauerweide. Die Luft war feucht, und am Ufersaum kräuselte sich das Wasser.

Ich setzte mich neben ihn. Er roch nach Seife und ein wenig nach feuchter Erde. An meinem Arm spürte ich die Wärme seiner Haut, die feinen Härchen. Die Zweige der Trauerweide hingen herab wie ein Vorhang, der uns abschirmte, obwohl nur wenige Meter entfernt Buden standen und Menschen vorbeiströmten.

Roberts Blick war auf den See gerichtet, dessen Oberfläche weiter draußen glatt war wie ein Spiegel.

»Schön hier«, sagte ich.

»Mhh.« Er nickte.

Ich lehnte mich zurück und betrachtete die Lichter am anderen Ufer.

Nach einer Weile sagte Robert: »Guck mal, Karpfen.« Er stand auf und ging ein paar Schritte zum Wasser.

Ich richtete mich auf. Im Halbdunkel erkannte ich die Schatten von Fischen. Ich sah die Kreise, die der See unter ihren Bewegungen schlug. Robert bückte sich nach einem Stöckchen. Drei Monate hatten wir jeden Tag telefoniert, seit Kurzem gingen wir auf dieselbe Schule, trafen uns in den Pausen, machten gemeinsam Hausaufgaben, ritten aus. Wir redeten und redeten. Doch manchmal war eine seltsame Befangenheit zwischen uns.

»Ob die Fische schmecken?«, fragte ich und erschrak über den lauten Klang meiner Stimme.

Robert stach mit dem Stöckchen ins Wasser. »Silvesterkarpfen aus dem Maschsee sind sehr beliebt.«

»Tatsächlich?«

»Mhh.«

Nach einer Weile kam er zurück und setzte sich wieder neben mich. Schweigend sahen wir auf den schwarzen See.

»Gefällt's dir?«

Ich wandte den Kopf und nickte: »Ja.«

Robert lächelte. Mit seinem Stöckchen schob er eine Haarsträhne aus meinem Gesicht. Das Holz kratzte ein wenig auf meiner Haut. Ich lächelte ebenfalls. Manchmal rührte mich seine zaghafte Schüchternheit. Er war wirklich kein Draufgänger.

Ich holte Luft. Rückte ein Stück näher und lehnte meinen Kopf an seine Schulter.

Wir saßen ganz still. Ein weicher Wind wehte Musikfetzen herüber, und ich atmete diesen Duft ein von Seife und Erde. Vorsichtig, ganz vorsichtig knabberte ich an Roberts Hals.

»Au!« Er sprang auf.

Ich fuhr zusammen.

»Läufst du noch ganz rund?« Seine Worte krachten durch die Stille.

»Ent … Entschuldigung …«

»Du hast mich gebissen.« Er rieb sich den Hals.

»Aber … aber … ich …« Ich spürte, wie ich rot wurde. Es war mir peinlich – und dann überkam mich ein Gefühl großer Distanz und Traurigkeit, wie schwarzes Wasser schlug sie über mir zusammen.

Irgendwann setzte sich Robert wieder. »Was … warum … Also, ich meine …« In seinem Gesicht standen Verwirrung und Verlegenheit.

»Es tut mir leid«, sagte ich, stand auf und stieg die Böschung hinauf.

Montagmorgen auf dem Schulhof grüßte er wie immer. Ich nickte und lächelte. In der Pause ließ er sich nichts anmerken. Auch ich riss mich zusammen.

Wir redeten.
Wir lachten.
Es war wie immer.
Wir besuchten uns und gingen spazieren.
Wir verabredeten uns und gingen schwimmen.

Der Bademeister drehte seine zweite Runde. Nur wenige Schwimmer zogen ihre Bahnen. Auf dem Rasen lagen vereinzelte Handtücher, in der Eisbude langweilte sich die Verkäuferin. Der Sommer ging zu Ende.

Ich sah auf die Uhr. Es war kurz vor zehn.

Ich blätterte um. Die Unterlagen zum *Expertenhearing Schweinefütterung* interessierten mich, vor allem die Ergebnisse einer Studie zur Futteraufnahme und -verwertung bei Sauen und Ferkeln. Doch immer wieder schweiften meine Gedanken ab.

Und halb elf rief ich an.

»Jaaa …« Eine Stimme wie Blei.

»Wo bist du denn?«

Ein raues Seufzen: »Im Bett.«

»Oh … tut mir leid.«

»Hab' ich verschlafen?«

Ein Käfer landete auf meinem Knie. »Ja, hast du wohl.«

»Oh …«

Ich schnippte nach dem Käfer. »Wir wollten uns um halb zehn hier treffen.«

»Mhhh …« Eine Stimme, fast schon wieder im Schlaf versunken. Der Käfer spreizte seine schwarz schillernden Flügel und hob ab.

»Okay, ich mach' dir einen Vorschlag: Du frühstückst erst einmal, und ich komme in einer Stunde bei dir vorbei. Zum Schwimmen ist es sowieso zu kühl.«

»Okay …« Ein Gähnen, dann ein Rascheln.

Und ein Knacken in der Leitung.

Als Robert die Tür öffnete, glänzten seine Augen. Seine Haut war blass und rot gefleckt. Er roch nach Bier.

»Oh.« Ich trat einen Schritt zurück. »War wohl eine kurze Nacht?«

Er nickte.

Ich lächelte.

Später gingen wir spazieren. Wir schlenderten über den Kartoffelmarkt, hörten einer Big Band zu, setzten uns an einen Biertisch und aßen Kartoffelpuffer, während nebenan Kinder auf einem Trampolin hüpften. Als es anfing zu regnen, fuhren wir nach Hause.

Ich parkte vor der Haustür. In der Küche brannte Licht überm Herd, und ich sah seine Mutter, die in einem Topf rührte, das Telefon zwischen Ohr und Schulter geklemmt. Ich schaltete den Motor aus und zog die Handbremse. Roberts Schnürsenkel hatte sich gelöst, und er beugte sich vor und band ihn zu. Als er sich wieder aufrichtete, suchte er nach seinem Schlüssel. Er war nicht mehr so blass, doch er sah immer noch müde aus. Ich ließ das Fenster ein Stück herunter. Wind rauschte in den Bäumen, und in das Rauschen mischte sich das Tropfen des Regens.

»Robert?«

»Ja?«

Ein Huhn lief über die Straße, und ich sah ihm nach.

»Was ist?«

Ich suchte nach den richtigen Worten.

»Ah, hier ist er.« Robert fischte einen Schlüsselbund aus der Innentasche seiner Jacke. »Sehen wir uns morgen in der Schule?«

Unsere Blicke kreuzten sich.

»Robert, ist etwas nicht in Ordnung mit mir?«, fragte ich.

Er sah mich an, ein Gesicht wie ein Fragezeichen. »Wieso?«

»Wir reden stundenlang, wir verstehen uns großartig, es ist, als würden wir uns schon ewig kennen. Aber …«

»Aber?«

Ich biss mir auf die Lippe. »Ich meine, hast du nie daran gedacht, dass …«

Er zog Luft zwischen den Zähnen ein, ein wenig nur und leise, doch ich hörte es.

»Ich meine …«

Er schluckte.

Auf meiner Lippe spürte ich den Geschmack von Blut. »Verdammt, hast du nie daran gedacht, mich zu küssen?«

Dicke Tropfen knallten auf die Windschutzscheibe. Langsam, sehr langsam wandte Robert den Kopf. Er sah mich an. Erschreckt. Erfreut. Verlegen. Vertraut.

Dann beugte er sich herüber. Nahm meinen Kopf in seine Hände und lächelte.

Und küsste mich.

16.

Ich war 21 Jahre alt, Landwirtin mit Ausbildereignung und staatlich geprüfte Betriebswirtin mit Fachhochschulreife. Ich bewirtschaftete einen Hof mit 54 Hektar Land, 42 Hektar Wiesen und 32 Hektar Wald, mit Pferden, Hühnern, Enten, Gänsen und 300 Schafen. Ich arbeitete viel, und ich tat es gern. Ab und zu verreisten Robert und ich. Am Wochenende gingen wir tanzen, trafen uns mit Freunden von der Landjugend und fuhren zum Maisfest oder zur Pflügerparty. Und immer häufiger fragte ich mich: War das schon alles?

Pflügen, melken, Lämmchen zur Welt bringen – am Ende des Tages schien mir das keine große Kunst. Erfolgreiche Landwirte trafen viele Entscheidungen nicht im Stall oder auf dem Feld, sondern im Büro. Doch wie organisierte man ein Büro so, dass es gut funktionierte? Wie setzte ich eine Mahnung auf, sodass sie auch rechtskräftig war? In der Schule hatte ich gelernt, Musterbriefe zu schreiben – doch was, wenn die Wirklichkeit vom Muster abwich? Um auch das noch zu lernen, begann ich im Sommer 2007 eine zweijährige Ausbildung zur Groß- und Einzelhandelskauffrau, und weil ich dabei in Roberts Nähe sein wollte, hatte ich mich in einem Landhandel in der Nähe von Sarstedt beworben.

»Sechs-und-neun-zig Tonnen Getreide?«

»Ja, und die Rechnung über den 50-Tonnen-Auftrag für die Mühle brauche ich auch.« Mein Chef wedelte mit Zetteln und scrollte mit der anderen Hand durchs Menü, den Telefonhörer zwischen Ohr und Schulter geklemmt, in der Leitung den Einkäufer eines Futtermischwerks. »Und wo ist der Lieferschein über Biscaya und Folicur?«

Mir schwirrte der Kopf. Immerhin wusste ich, was Biscaya und Folicur waren, Pflanzenschutzmittel nämlich, wobei Folicur gegen Pilzerkrankungen bei Weizen, Gerste, Roggen und Raps eingesetzt wurde, doch die georderten Mengen verschlugen mir die Sprache. Die Lager der Firma lagen in unmittelbarer Nähe des Mittellandkanals, und viele Schiffe, die anlegten, löschten 4000, 5000, 6000 Tonnen Getreide; brachte ich zu Hause eine erfolgreiche Ernte zum Landhandel, waren es vier Tonnen pro Hektar. Getreide, Saatgut, Pflanzenschutz- und Düngemittel – alles wurde tonnenweise gehandelt, und Kaufverträge beliefen sich auf Zehntausende, ja Hunderttausende Euro.

Ein paar Wochen später staunte ich nicht mehr. Brachten Landwirte ihre Ernte ein, musste es schnell gehen, und hier war man eben auf Annahme und Weiterverkauf in großem Stil spezialisiert. Hallen, Reinigungs- und Trocknungsanlagen waren riesig, man handelte national und international und beobachtete stets die Börse. Mein erstes Ausbildungsjahr verbrachte ich im Sekretariat, später wurde ich in die Buchhaltung versetzt, ich ordnete und legte ab, sortierte und berechnete und lernte, aus 800 Ordern immer den richtigen zu ziehen. In Hochzeiten arbeiteten wir von morgens um sieben bis nachts um elf, und irgendwann schrieb ich Rechnungen und Briefe aus dem Effeff, kannte simple und aufwendige Ablagesysteme und prüfte Kontrakte. Ich disponierte Speditionen, Routen und Lieferungen. Ich nahm Proben von Muschelkalk und Sauenhochleistungsfutter und war dabei, wenn meine Chefs mit den Einkäufern verhandelten. Sie nahmen mich mit zur Getreidebörse nach Hamburg, wo mehrere Hundert Händler weltweit Getreide, Raps und Futtermittel handelten, und anschließend aßen wir im Hotel *Vier Jahreszeiten* zu Mittag.

Jeden Tag erschien mir die Welt, die ich bisher gekannt hatte, winziger.

»Es ist schön so, nicht wahr?«, fragte Flora, als wir an einem Samstag nach dem Abendessen im Wohnzimmer saßen. Mama hatte Schweinekoteletts gebraten, dazu gab es Sauerkraut und Salzkartoffeln. Nach dem Abwasch war sie mit Papa in den Stall gegangen, denn Hella, die Schimmelstute, auf der sie einst zu ihren Rendezvous geritten war, lahmte. Unterdessen berechnete ich den Düngerbedarf für das neue Maisfeld. Am nächsten Morgen in der Früh würde ich es pflügen und später noch einmal nach den Schafen sehen, bevor ich am Nachmittag wieder fuhr.

»Was ist schön?«, fragte ich.

»Dass du jetzt öfter im Büro arbeitest.« Flora zog die Ärmel ihres Pullovers über die Hände und kuschelte sich in die Sofaecke. Ich tippte Zahlen in meinen Taschenrechner – N - Bedarf gleich N - Entzugswert in kg N/dt Erntegut mal Ertragserwartung in dt/ha plus Zuschlag für nicht erntefähige Restpflanzen … – und notierte die Summe am Ende der Gleichung.

»Nö«, sagte ich, »eigentlich nicht.«

»Nicht?« Flora zog die Beine an. Ihre Füße steckten in dicken Socken. Sie hatte ihre Haare gewaschen und fuhr sich mit dem Kamm durch die nassen braunen Locken. Ihre Katze lag neben ihr auf dem Sofa und leckte sich die Pfoten. Ich schob den Taschenrechner und die Zettel beiseite und streckte mich. Mein Blick wanderte über den Tisch, das Sofa, Papas Fernsehsessel, seine Wolldecke. Den Teppich, auf dem Flora als Kind mit ihren Puppen gespielt, ihnen die Haare gekämmt und in ihrer Puppenküche Pudding gekocht hatte. Ich dachte an mein Playmobil-Fort – irgendwann, vielleicht beim Umzug, war es verschwunden. Doch meinen hellgrünen MB-Trettraktor besaß ich immer noch.

»Aber du musst nicht mehr ständig bei strömendem Regen Schafe treiben oder bei 30 Grad im Schatten Heu wenden«, sagte Flora und zupfte an einem Knoten in ihren Haaren. »Du hast es warm und trocken, du frierst dir weder Finger noch Füße ab. Du hast auch nicht mehr diesen ganzen Dreck …«

Ich lachte und rieb mir die Augen: »Es stört mich nicht, wenn ich mich bei der Arbeit schmutzig mache.«

»Nicht?«

»Nein.« Draußen führte Mama ihr Pferd auf die Weide und nahm es an die Longe. Papa lehnte an einem Pfosten und sah zu. »Auch das Wetter stört mich nicht. Wenn es kalt ist, ziehe ich mich eben warm an.«

Meine Schwester legte den Kamm auf den Tisch. Sie nahm die Teekanne vom Stövchen und schenkte sich Tee nach.

»Die Arbeit muss gemacht werden«, ich zuckte mit den Schultern, »also mache ich sie.«

Flora blies in ihren dampfenden Tee. »Versteh' ich nicht.«

»Ist eben so.« Wieder zuckte ich mit den Schultern.

Meine Schwester runzelte die Stirn, trank vorsichtig einen Schluck und betrachtete mich über den Rand ihrer Tasse hinweg, wie man eine kranke Kuh betrachtet. Sie ging aufs Gymnasium, war fleißig und eine gute Schülerin, ihre Noten waren viel besser als meine damals. Im kommenden Schuljahr würde sie in die USA gehen.

»So ist es eben«, sagte ich noch einmal, stand auf und schenkte mir auch eine Tasse Tee ein.

In der Küche lief das Radio, und im Flur hörte ich Jennas Pfoten über die Fliesen kratzen. Draußen dämmerte es, und im Garten, den Mama angelegt hatte, blühten Dahlien und Astern, ein paar letzte Rosen und sonnengelbe Tagetes. Die Blätter der Holunderbüsche färbten sich. Ich setzte mich wieder auf meinen Stuhl am Fenster.

»Ich bin auch gern mein eigener Chef«, sagte ich. »Ich weiß nicht, was du willst, aber ich will Verantwortung tragen, Entscheidungen treffen, ich will etwas gestalten.

In einer Firma arbeite ich immer für andere Leute, nach ihren Regeln. Auf meinem eigenen Hof kann ich tun und lassen, was ich will. Ich kann morgen einen Kuhstall bauen und eine Mutterkuhherde anschaffen. Ich kann Schweine züchten oder Puten. Ich kann Speisekartoffeln anbauen oder Erdbeeren oder Spargel. Ich kann meine Produkte an den Großhandel verkaufen oder direkt vermarkten, in einem Hofladen. Ich kann für andere Landwirte die Buchführung machen oder ein Lohnunternehmen aufbauen, wie es Heinrich vorhat. Ich kann so unendlich viel machen! Es ist allein meine Entscheidung.«

Die Katze schnurrte und schmiegte sich an Floras Schenkel. Meine Schwester schien es nicht zu merken. Ihr Blick war jetzt unscharf, wie auf ein entferntes Ziel gerichtet. Hörte sie mir zu?

»Hörst du mir zu?«, fragte ich.

Flora hob den Kopf. »Ja.« Sie schob sich eine Locke hinters Ohr. »Ja, ja, natürlich.«

Ich streckte die Beine aus und trank einen Schluck Tee, und meine Schwester zog die Katze auf ihren Schoß und kraulte sie am Bauch.

»Wenn ich selbstständig arbeite«, sagte ich, »kann ich außerdem meine Zeit selbst einteilen. Ich kann um fünf Uhr früh aufstehen und arbeiten, und wenn es am nächsten Tag regnet, schlafe ich bis zehn.«

Flora nickte stumm.

»Und vor allem …« Ich hielt inne und wartete, ob sie aufsah. Sie tat es nicht, doch ihre Hand hielt inne, und die Katze sah auf.

»Vor allem zahlt sich meine Leistung aus«, fuhr ich fort. »Wenn ich gut arbeite, verdiene ich auch gut.«

Die Katze erhob sich. Sie machte einen Buckel, streckte sich und fuhr mit ihrer Pfote über Floras Bein.

»Ja«, sagte meine Schwester nach einer Weile. »Das klingt schon gut …«

»Das ist gut.« Ich lachte und lehnte mich zurück: »Das ist sogar sehr gut!«

Zwei Wochen später erklärte Flora, sie wolle auch Landwirtin werden.

REIFEPRÜFUNG

17.

Ich sah in den Rückspiegel. Seit einigen Tagen war der Schnee weggetaut, und der Fahrer des Miststreuers hatte Mühe, den schmalen Feldweg entlangzufahren, immer wieder gruben sich seine schweren Reifen durch Matsch. Der Mist auf der Ladefläche dampfte im Gegenlicht. Auf einer Wiese am Wegrand sonnten sich Rehe, und ich drosselte den Motor und wechselte den Gang. Ein Reh sprang auf. Im nächsten Moment galoppierten alle mit leichten, schnellen Sprüngen davon, die Läufe weit ausgestreckt, schienen sie wie schwerelos durch die Luft zu fliegen.

Ich kurbelte das Fenster herunter. Die Luft roch weich und satt und nach einem langen Winter, der endlich zu Ende ging. Vor uns lagen Leipeitz und Kiebitzmoor. Kiebitzmoor war eine Weide und Leipeitz ein knapp 25 Hektar großes Feld; manchmal war es schwierig, sich auf die Flurnamen einen Reim zu machen, selbst beim Katasteramt hatte niemand gewusst, woher der Name Leipeitz rührte. Auf der Weide grasten die Jungschafe, die ich im Herbst von der Herde getrennt hatte und die in wenigen Wochen zum ersten Mal gedeckt werden sollten. Sie sahen auf, reckten ihre schwarzen Köpfe. Ich bog in einen Seitenweg ein und parkte den Jeep. Als Jenna aus dem Fond sprang, stoben die Schafe davon. Erst im hinteren Teil der Koppel blieben sie stehen, dicht zusammengedrängt zu einem Pulk.

Der Miststreuer näherte sich träge und schwerfällig. In den vergangenen Tagen hatte ich Leipeitz gepflügt, der Boden war sandig und sauer, darum achtete ich auf gute Düngung. Bisher hatte Papa hier Mais angebaut, den er an die Biogasanlage in Lüchow verkaufte. Eine meiner ersten Entscheidungen als neue Hofchefin war, damit aufzuhören.

»Wieso das denn?«, rief er. »Der Mais wächst gut, außerdem hab ich Anteile für 25 Hektar gezeichnet!« Während der Planung der Biogasanlage hatten die Bauern der Gegend Anteile erworben, die ihnen im Gegenzug feste Abnahmemengen garantierten.

»Weil sich der Aufwand nicht lohnt«, antwortete ich. »Ich hab's mehrmals durchgerechnet – Saatgut, Drillen, Düngen, Häckseln, Pflanzenschutzmittel, Silo und Transport kosten so viel, wie die Biogasanlage für den Mais zahlt. Es bleibt nichts übrig! Da nutze ich die Fläche lieber als Weideland für die Schafe.«

»Aber ich kann die Anteile nur mit Verlust verkaufen!«

»Die Entscheidung für den Maisanbau war falsch, und eine falsche Entscheidung sollte man revidieren.«

Der Miststreuer rumpelte über den schmalen Feldweg.

»Da drüben«, rief ich und gestikulierte, als sich der Fahrer aus dem Führerhaus beugte. Er war klein und gedrungen, über dem Lenkrad sah man nur seinen kräftigen Hals und seinen runden Kopf mit der Baseballkappe. Ich hatte ihn angeheuert, denn schon ein gebrauchter Miststreuer kostete 15.000 bis 20.000 Euro, eine Anschaffung, die sich für mich nicht lohnte.

Die ersten Maschinen, die ich nach der Hofübernahme gekauft hatte, waren zwei grüne HW-80-Anhänger gewesen, simple, aber funktionstüchtige Fahrzeuge aus DDR-Produktion. Mit Papa fuhr ich zu einer Auktion auf einem heruntergewirtschafteten Gutshof. Beim Anblick des Inventars, das der Insolvenzverwalter versteigerte, gingen mir die Augen über: Traktoren, Pflüge, Grubber, Drillmaschinen, Düngerstreuer, Mähdrescher, Frontlader, Greifzangen, Teleskoplader und Hallen voller Anhänger – wie konnte man mit so einer Ausrüstung erfolglos wirtschaften? Ich lief zwischen den Fahrzeugen hindurch, prüfte Reifen und Schweißnähte, suchte nach Rost und Beulen, begutachtete Aufbau und Boden und machte mir Notizen. Die Nummern der besten Anhänger schrieb ich auf einen Zettel.

»Gib mir mal die Bieterkarte«, sagte Papa, als in einer der ehemaligen Scheunen die Auktion begann.

Ich griff in meine Tasche. Dann hielt ich inne. »Nein«, sagte ich, »es ist jetzt mein Hof, darum werde ich die Anhänger ersteigern.«

Ein Zucken in Papas Mundwinkeln, und für einen Moment sah es aus, als sei er verärgert. »Gut«, brummte er. Und wandte sich um.

Die Scheune war riesig, und im hinteren Teil lagerten noch immer Tonnen von Stroh. Vorne neben dem Tor hatte jemand einen Tisch aufgestellt, ein paar Reihen Stühle, doch die meisten Besucher drängten sich auf Strohballen, die zu einer Art Tribüne gestapelt waren.

»Da drüben ist noch Platz«, sagte ich.

»Zu eng für uns beide.« Papa schob seine Brille zurück, die ihm auf die Nasenspitze gerutscht war. Irgendwann war er so kurzsichtig geworden, dass er sich im Supermarkt eine Lesehilfe gekauft hatte, ein simples Modell aus Plastik. Auf das linke Glas hatte er einen Aufkleber gepappt, wie er sie zu Weihnachten auf Grußkarten klebte: Ein Rotkehlchen war darauf gedruckt, darunter stand *Herzliche Grüße von Josef Aue*.

»Ich setz' mich da drüben hin.« Papa deutete auf einen unbestimmten Punkt in der Mitte der Scheune, und im nächsten Moment drängte er sich zwischen fremden Beinen hindurch. Also schob ich mich auch durch die Reihen. Die Leute saßen eng beieinander, sie redeten und lachten, ein dicker Mann mit rotem Kopf streckte die Beine aus und blätterte in einem Katalog, ich trat ihm fast auf die Füße, doch er schien es nicht zu bemerken. Neben einem schmalen Blonden zwängte ich mich auf die Kante eines Strohballens.

»Hallo«, sagte ich und strich mir die Haare aus dem Gesicht. Draußen war es frisch, doch hier drinnen stand die Luft.

»Tag«, sagte der Blonde und musterte mich. Er war jung, Ende zwanzig oder Anfang dreißig, doch um seine Mundwinkel liefen scharfe Falten. Obwohl er blass war, schien seine Haut vom Wetter gegerbt, und in seinem Blick lag etwas Hartes, Misstrauisches.

Ich lächelte höflich, dann suchte ich in meiner Tasche nach den Notizen zu den HW-80-Anhängern, auf die ich bieten wollte. Es dauerte nicht lange, bis der Auktionator die erste Nummer aufrief, einen Mähdrescher, das Mindestgebot lag bei 100.000 Euro.

»Ist das der Preis, den man mindestens bezahlen muss?«, fragte ich leise.

Mein Nachbar runzelte die Stirn und nickte.

Ich spürte, wie ich rot wurde. Ich schob die Ärmel meiner Bluse hoch und wischte mir über den Hals; es war wirklich heiß in dieser Scheune. Es war das erste Mal, dass ich bei einer Versteigerung saß, darum hatte ich zu Hause Kleinanzeigen im Internet durchforstet und Preise notiert.

Wo war bloß der Zettel?

Ehe ich michs versah, rief der Auktionator die nächste Nummer auf, einen Drehpflug. Wieder blätterte ich durch meine Papiere. Als Nächstes wurde ein Fendt-Traktor aufgerufen, dann die ersten Anhänger. Ich tastete nach meiner Bieterkarte und biss mir auf die Unterlippe.

»Die 72 …« Kaum hörte ich die Nummer, streckte ich den Arm in die Luft.

Mein Nachbar räusperte sich. »Sag mal, Mädchen«, murmelte er und deutete auf meine losen Zettel, »was willst du eigentlich kaufen?«

Irritiert sah ich ihn an. »Zwei HW 80, die guten.«

»Warum bietest du dann für einen HW 60?«

Ich ließ den Arm sinken.

»Ist ziemlich durchgerostet, das Ding.« Er lachte, und an seinen Vorderzähnen klebte etwas Braunes.

»Aber …«

»Ich würde den nicht kaufen.« Er fuhr sich mit der Zunge über die Lippe.

»Aber die Nummer …« Ich blätterte durch meine Notizen – Nummer 72, eindeutig. Ich sah mich um, suchte Papas Gesicht in der Menge – es war knallrot, und er schüttelte so heftig den Kopf, dass ihm fast die Brille von der Nase rutschte: *Herzliche Grüße von Josef Aue*. Hätte er nicht ausgesehen, als würde er gleich platzen, hätte ich gelacht.

Vorne rief der Auktionator die nächste Nummer auf. Mein Nachbar pulte mit einem Streichholz in seinen Zähnen. »Jetzt, Mädchen«, sagte er.

Ich sah auf meinen Zettel, zögerte kurz und hob den Arm. Das Mindestgebot lag bei 1.800 Euro – Zahlen wurden durch den Raum gerufen: 2.000 Euro, 2.200, 2.400, 2.600, die Beträge stiegen zügig, die Luft schwirrte, mir wurde schwindelig. Plötzlich zweifelte ich an allem, was ich gesehen und aufgeschrieben hatte.

»Wissen Sie vielleicht, wie viel diese Anhänger wert sind?«, flüsterte ich.

Mein Nachbar hustete und schnippte etwas von seinem Finger. »Ich sag Bescheid, wenn du die Hand wieder runternehmen solltest.«

Bei 7.000 Euro bekam ich den Zuschlag.

Kaum war der Hammer gefallen, sprang Papa auf und schob sich durch die Reihen. Einige Leute deuteten auf seine Brille, den Aufkleber, sie lachten, doch Papa bemerkte es nicht. Sein Gesicht war noch immer krebsrot.

»Danke«, sagte ich zu meinem Nachbarn.

Er grinste: »Nichts für ungut.« Das Braune an seinem Zahn war verschwunden.

»Warum hast du auf diese Schrottkiste geboten?«, schimpfte Papa, als ich aus der Scheune trat.

Ein kühler Wind blies mir ins Gesicht, und ich atmete tief durch.

»Es gab viel bessere Anhänger!« Seine Haare standen zu Berge, und die Brille wippte bei jedem Wort.

Ich zuckte mit den Schultern. »Ich hab' vielleicht nicht die allerbesten Anhänger ersteigert, aber auch nicht die allerschlechtesten.«

Papa brummte etwas, das ich nicht verstand, und wir gingen zurück in die Halle und inspizierten noch einmal die HW-80-Anhänger. An einem, entdeckte ich jetzt, fehlte das Lichtkabel. In einem unbeobachteten Moment verschwand Papa hinter einem John-Deere-Traktor, und als er zurückkam, grinste er und vergrub die Hände tief in seinen Jackentaschen.

Ein paar Monate später kaufte ich einen elf Meter breiten Heuwender für 15.000 Euro. Ich beriet mich mit meinen Eltern; es wäre dumm gewesen, es nicht zu tun, sie hatten Erfahrung, und Papa war immer mein Vorbild gewesen.

»Überleg dir gut, ob du den Hof übernehmen willst«, hatte er gesagt, als wir den Pachtvertrag aufsetzten. »Wenn du es tust, trägst du für alles die Verantwortung.«

»Ja«, antwortete ich. »Das weiß ich.«

»Du bist erst 18 Jahre alt, Isabell«, sagte der Rechtsberater beim Landesbauernverband. »Vielleicht willst du in deinem Leben noch einmal etwas ganz anderes machen?«

»Nein«, antwortete ich. »Das will ich nicht.«

Doch ich wusste um das Risiko: Wie würde das Wetter im nächsten Jahr werden? Würde es späten Frost geben, eine Hitzewelle oder Dauerregen? Würden die Preise sinken oder steigen? In manchen Jahren lag der Getreidepreis bei 21 Euro, in anderen bei neun. Und wie würde sich die Agrarpolitik entwickeln? Subventionen wie die Flächenprämie machten einen Großteil des Einkommens aus. Es war gewagt, im Frühling Zehntausende Euro in Saatgut, Düngemittel und Diesel zu investieren, Maschinen zu leihen und Lohnarbeiter anzuheuern – hundert Hektar konventionelles Getreide auszusäen, kostete 7.000 Euro, plus 20.000 Euro fürs Spritzen, plus 25.000 Euro fürs Düngen, plus Maschinenkosten, Lohn, Sozialabgaben, Mehrwertsteuer …

Würde die Ernte im Herbst dieses Geld wieder hereinbringen? Ich war erfahren in täglichen Arbeiten und hatte in der Ausbildung viel gelernt, aber mir fehlte die Erfahrung, einen Betrieb zu managen. Ich war fest entschlossen, es zu schaffen. Doch es musste nicht sehr viel schiefgehen, um in kurzer Zeit herunterzuwirtschaften, was Generationen aufgebaut hatten.

Ich sah wieder in den Rückspiegel. Der Fahrer des Miststreuers nahm gerade den Gang heraus, der Motor dröhnte. Die Sonne blendete, und ich blinzelte, als ich quer übers Feld auf eine Reihe Weißdornbüsche deutete. »Dort drüben ist die Grenze, und seitlich reicht die Fläche bis zum Hochsitz.«

Er zog den Schirm seiner Baseballkappe tiefer in die Stirn und nickte. »Geht klar.«

»Pro Hektar möchte ich knapp vier Tonnen Mist gestreut haben.«

»Geht klar.«

»Ich komm' dann und fahr' mit dem Grubber drüber.«

Er tippte gegen den Schild seiner Mütze.

Ich sah auf die Uhr; zu Hause wartete wahrscheinlich schon der Schornsteinfeger. »Noch Fragen?«

Der Mann schüttelte den Kopf: »Nö.«

»Gut. Und denken Sie dran, die Rechnung diesmal auf meinen Namen auszustellen!«

Er nickte, trat die Kupplung und rumpelte vom Weg hinunter aufs Feld. Ich pfiff, und Jenna, die am Feldrain an einer Eberesche schnüffelte, hob den Kopf: Sie spurtete los, und im nächsten Moment spürte ich ihre kalte Schnauze an meinem Handrücken.

Als ich in den Jeep stieg, klingelte das Handy. »Isabell Aue.«

»Isa!« Der Kartoffelbauer, der heute auf der Zweiten Lage, einer angrenzenden Fläche, Kartoffeln setzen wollte, klang atemlos. »Ich bin auf dem Weg, aber der Traktor ist festgefahren. Du musst kommen!«

»Festgefahren?«

»Ja, der Boden ist zu nass. Du musst mich freischleppen.«

»Erst mal muss ich nach Hause und meinen Traktor holen.« Wieder sah ich auf die Uhr. »Wird wohl 'ne Dreiviertelstunde dauern, bis ich da bin.«

Ein Seufzen, ein Brummen.

»Ich beeil' mich«, sagte ich und legte auf. Der Jeep holperte durch Schlaglöcher und Furchen, und im Rückspiegel sah ich, wie der Miststreuer übers Feld zog und aus dem Streuwerk klein gehäckselte Fladen flogen.

Ich bog gerade in die Schulstraße, als das Handy wieder klingelte. Diesmal war es der Lkw-Fahrer, der am Nachmittag Saatgut anliefern sollte. Mit dem Hörer am Ohr stapfte ich über den Hof, in der Küche rief mir Mama zu, dass der Schornsteinfeger später käme, ich nickte und rannte die Treppe zum Büro hoch, zwei Stufen auf einmal nehmend. Papa saß am Schreibtisch und telefonierte.

»Hören Sie«, sagte ich ins Handy, »ich bin heute Nachmittag zwischen drei und vier auf dem Hof. Können Sie das einrichten?«

»Ich werd's versuchen«, meinte der Fahrer. Ich drückte die Ende-Taste und zog den Ordner mit den Flächenanträgen vom Regal.

»Das war Kurt Kaiser vom Landhandel«, sagte Papa, als er aufgelegt hatte. »Er hat ein Angebot für den Mulcher gemacht.«

»Warum hat er dich angerufen?«

Papa zuckte mit den Schultern.

»Ich habe ihn um das Angebot gebeten, und ich finde, er sollte auch mit mir darüber sprechen.« Mit dem Mulcher wollte ich die Schafweiden abhäckseln, damit das Gras besser nachwuchs.

»Vielleicht konnte er dich nicht erreichen?« Papa stand auf und schob mir den Stuhl hin.

Ich setzte mich und schlug den Ordner auf. »Oder er redet lieber mit dir, weil er mich nicht für voll nimmt?«

Ein paar Männer taten sich schwer damit, dass ich nun unseren Hof führte. Sie sahen zu, wenn ich den Pflug oder den Grubber an den Trecker koppelte, und schienen darauf zu warten, dass ich um Hilfe bat. Sie runzelten die Stirn, wenn ich Saat- oder Düngermengen berechnete. Sie stutzten, wenn ich Diesel nicht wie Papa bei immer demselben Händler bestellte, sondern dort, wo ich ihn zwei Cent günstiger bekam; bei 4000 Litern sparte ich immerhin 80 Euro.

»Jedenfalls kann dir Kaiser für 6.800 Euro einen Mulcher besorgen«, sagte Papa.

»Ich kann auch einen für 5.700 Euro kriegen, ich hab ein zweites Angebot eingeholt.«

Papa stutzte. Dann lachte er und rieb sich die Hände. »Ruf ihn an!«

»Später.« Ich schlug den Ordner zu und sprang auf. »Jetzt muss ich los. Ich muss den Mist untergrubbern und vorher noch den Kartoffelbauern freischleppen, er hat sich festgefahren.«

»Willst du, dass ich mitkomme?«

Ich schüttelte den Kopf: »Schaff ich schon.«

Ich sauste die Treppe hinunter und lief wieder über den Hof. Ondra wieherte leise, als sie mich sah, und trabte über die Koppel. Ich zögerte kurz, dann ging ich zu ihr. Sie schnupperte an meiner Hand.

»Tut mir leid, meine Gute.« Ich strich über ihre Nüstern. »Aber ich hab' keinen Apfel dabei.«

Sie schnaubte. Die Blätter der Linde raschelten über unseren Köpfen, und ein Eichhörnchen schoss den Stamm hinauf und sprang von Ast zu Ast. Ich hörte einen Ruf, ein kurzes Pick-Pick-Pick. Kurz darauf ein zweites Pick-Pick-Pick, noch einmal und noch einmal, immer mit einer Betonung auf der ersten und dritten Silbe. Ich sah mich um und lächelte. Es dauerte nicht lange, dann ertönte auch das vertraute weiche Kru-Kru.

Wachteln.

Als Kind hatten mich ihre Rufe fasziniert. Stundenlang hatte ich in der Voliere gehockt, die Papa gebaut hatte, ihnen zugehört und ihre kleinen gesprenkelten Eier bestaunt. Später hatte ich damit die Sülze zubereitet, die Robert so gern aß.

Robert.

Ich wischte den Gedanken beiseite und stapfte weiter. Kurz vor Ende meiner Ausbildung im Landhandel hatte er erklärt, er wolle für ein halbes Jahr nach Australien fliegen. Ich schluckte: »Ein halbes Jahr?«

»Willst du nicht mitkommen?«, fragte er.

»Was soll ich in Australien?«, fragte ich.

»Ein bisschen was von der Welt sehen.«

Ich schüttelte den Kopf: »Mein Platz ist hier.«

Eine Weile diskutierten wir. Dann stritten wir. Dann flog er allein nach Australien. Er wollte neue Eindrücke und Erfahrungen sammeln. Ich empfand das als Zeitverschwendung. Er wollte sich persönlich weiterentwickeln. Ich fand, das könnte ich auch zu Hause tun. Ein halbes Jahr wartete ich auf ihn, und als er zurückkam, war etwas anders geworden. Wir sahen uns seltener. Wenn wir telefonierten, gab es lange Pausen.

Schließlich trennten wir uns.

18.

Licht fiel durch die Lamellen der Jalousie und malte Streifen auf meine Bettdecke. Es war still im Haus, nur im Garten zwitscherten Vögel, und die Elster, die seit ein paar Tagen in der alten Linde saß, hämmerte mit dem Schnabel gegen den Brutkasten, den Papa mit uns gebaut hatte, als Flora und ich Kinder waren. Ich sah auf den Wecker: Es war kurz vor sechs.

Die Sonne blendete, als ich eine halbe Stunde später vor dem Haus in meine Stiefel schlüpfte. Wie jeden Morgen ging ich zuerst in den Stall, mistete die Boxen aus und fütterte die Pferde. Kara schlug mit dem Schweif nach Fliegen, und Ondra knabberte an meiner Hosentasche. Sie schnaubte, als ich ihr Maul sanft beiseiteschob.

»Du bist ganz schön verfressen, meine Gute.« In der Nachbarbox wieherte Hella, und ich strich Ondra übers Fell und warf ihr noch einen Armvoll Heu in die Box. Mama oder Flora würden die Pferde später auf die Koppel bringen. Jenna trottete den Gang hinunter und streckte sich auf dem Boden aus, die Zunge hing ihr aus dem Maul.

»Komm«, sagte ich, stellte die Mistgabel beiseite, nahm ihren Napf und füllte ihn mit frischem Wasser.

Dann fischte ich die Schlüssel aus meiner Hosentasche und ging zum Jeep. Er parkte im Schatten, und im Inneren war es angenehm kühl. Auf der Ladefläche hatte ich am Abend zuvor zusätzliche Elektrozäune verstaut. Als ich die Einfahrt hinunterfuhr, fütterte Papa vor dem Haus die Hühner und Enten.

»So früh schon?« Körner rieselten durch seine Finger wie feiner Regen.

»Klar.« Ich zuckte mit den Schultern.

Er nickte: »Vielleicht komm' ich später vorbei.«

»Nicht nötig, heute muss ich nur ein paar Zäune umstecken.« Beim Klauenschneiden oder wenn die Schafe eine Wurmkur bekamen, war ich froh, wenn er und Mama halfen – allein war das nicht zu schaffen.

Papa nickte wieder. Dann deutete er auf eine Schale mit Eiern, machte eine anzügliche Geste und grinste; seit Hühner-Hansi in *Bauer sucht Frau* vorgeführt hatte, wie er seine Hühner beglückte, wenn der Hahn erschöpft daniederlag, machte sich Papa einen Spaß daraus, eine Henne zu greifen, ihr mit seiner riesigen Pranke ins Gefieder zu fahren und sie zu schütteln, bis sie laut gackernd mit dem Hinterteil wackelte und schließlich flügelschlagend davonstob.

Ich lachte, blinkte und bog auf die Schulstraße. Vorm Nachbarhaus fegte die Frau des Försters die Einfahrt, sie trug eine Kittelschürze und Badelatschen und winkte, als ich vorbeifuhr. Ich winkte zurück. Vor Behrends Hof pickten Spatzen im Sand. Die Blätter der Eichen leuchteten grün, und Sonnenflecken tanzten über den Asphalt. An der Gabelung nahm ich den Weg in den Wald.

Schon von Weitem sah ich die Schafe. Meine Eltern hatten sie vor ein paar Jahren angeschafft, es war eine kostengünstige Möglichkeit der Betriebserweiterung gewesen, denn im Gegensatz zu Kühen und Schweinen brauchten Weideschafe keinen millionenteuren Stall. Außerdem ließ sich die Herde jederzeit verkleinern oder vergrößern. Anfangs hatte Papa einen Schäfer eingestellt, doch inzwischen kümmerte ich mich um die Tiere.

An einer verkrüppelten Kiefer bog ich vom Weg ab. Der Jeep rumpelte auf die Weide, und die Schafe stoben davon. Ich zog die Handbremse und ließ Jenna aus dem Fond, sie schüttelte sich und nieste. Ich zerrte zwei aufgerollte Elektrozäune von der Ladefläche, sie waren schwer, und ich schulterte sie und stapfte durch das knöchelhohe, feuchte Gras. Die Schafe standen blökend beieinander. Sie steckten ihre schwarzen Köpfe zusammen und beäugten mich. Nur der Bock wagte sich ein paar Schritte vor. Ich suchte nach Glöckchen, horchte auf ein helles Klingeln – und dann sah ich, wie sich ein dickes Schaf aus der Herde löste, neben den Bock trat, kurz schnaubte und mutig noch ein paar Schritte weitertrippelte. Glöckchen war größer und dicker als alle anderen Schafe, ein wollweißer Ballon auf dürren Beinen, und es war so zutraulich, dass es beim Klauenschneiden als Erstes angetrabt kam, und so ruhig und geduldig, dass ich Schere, Klauenmesser und Desinfektionsmittel auf seinen Rücken legen konnte – sie fielen nie herunter. Glöckchen war alt und hatte längst keine Zähne mehr, doch weder Papa noch ich brachte es über sich, es dem Schlachter mitzugeben.

Neben einem Pfahl warf ich die Zaunbündel ins Gras. Auf der Fläche hatte im Vorjahr Getreide gestanden, doch weil der Getreidepreis sank, hatte ich im Frühjahr Gras gesät. Es war gut gewachsen, satte Halme strichen um meine Stiefel, als ich zu dem Weidezaungerät lief und den Strom abschaltete. Die Birken, die die Weide an einer Seite säumten, leuchteten in der Sonne, und auf dem Feld dahinter glänzte goldgelber Weizen. Schwalben schwatzten und Insekten sirrten, irgendwo bellte ein Hund, und ich blieb einen Moment lang stehen – ich liebte diesen weiten Himmel, der sich über die Landschaft spannte, leuchtend blau wie hingemalt.

Dann kramte ich in meinen Taschen nach einem Haargummi und lief zurück zum Auto. Der Jeep war mein Schafmobil, ausgestattet mit Elektrozäunen, Reservebatterie, Fanghaken, Lecksteinen, Wurmkurmittel, Klauenpflege-Utensilien und dem Spezialstuhl, in den wir die Schafe wuchteten, um ihnen die Klauen zu schneiden. Ich setzte mich ans Steuer, drehte das Gebläse auf und fuhr langsam die Fläche ab, auf der ich den neuen Pferch abstecken wollte, ließ die Reifen das Gras niederwalzen, damit es den Strom nicht vom Zaun ableitete.

Die Schafe grasten wieder, schwarze Köpfe im grünen Gras.

Als ich den ersten Weidepfahl in den Boden trieb, an einer Stelle voller Löwenzahn, blökte der Bock. Wollte er protestieren? Ich lachte. Ich rollte den Zaun ab, trieb den nächsten Weidepfahl in die Erde, rollte ein weiteres Stück Netz ab. Stück für Stück arbeitete ich mich über die Fläche, lief immer wieder zum Jeep, holte weitere Zäune, rollte sie aus, trieb Pfähle in den Boden, verstärkte die Ecken mit Eisenstangen, spannte Netze, richtete Isolatoren. Ab und zu streckte ich den Rücken, die Schultern. Schweiß perlte mir über die Stirn, rann Hals und Brust hinab, Haarsträhnen klebten mir im Nacken. Irgendwann zog ich mein T-Shirt aus und die Hose. Zwischen Mai und September lief ich oft in Shorts und Top über die Felder oder saß im Bikini auf dem Traktor, denn er hatte keine Klimaanlage. Anfangs hatten einige Bauern Stielaugen gemacht. Beim Landhandel pfiffen sie mir nach. Doch ich lachte bloß oder fuhr ihnen über den Mund und sagte, ich wolle meine Arbeitsklamotten nicht dreckig machen … Papa, seine Jägerfreunde und die Bauern am Stammtisch hatten mich gelehrt, wie ich mit Männern umgehen musste. Selbst ein derber Spruch trieb mir nicht die Tränen in die Augen. Im Gegenteil: Ich konnte auch austeilen, allerdings wurde ich nie so derb wie Nathaly. Das Einzige, was mir wirklich Sorgen machte, waren die Zecken, denn wenn ich mit nackten Beinen durchs Gras oder die Wälder lief, biss sich immer wieder eine in meiner Haut fest. Ich kannte Landwirte und Schäfer, die an Borreliose erkrankt waren, sie litten unter neurologischen Störungen oder Arthrose, waren kraftlos oder konnten kaum sprechen, einer saß im Rollstuhl.

Nach einer Stunde war der neue Pferch fertig. Ich öffnete den Zaun des alten Geheges. Einige Schafe sahen auf. Die anderen grasten weiter.

»Kommt her! Kommt-kommt-kommt …«

Die Schafe guckten und kauten.

Ich bellte ein paarmal hoch und heiser wie ein Hütepudel, denn Schafe mögen keine hohen Frequenzen. Jenna sah auf. Die Schafe rührten sich nicht von der Stelle. Ich stapfte zum Jeep zurück, um etwas zu trinken. Der Hunger würde sie treiben, das war sicher, und in ein bis zwei Tagen wäre das Weidestück abgegrast, und ich würde ihnen ein Stück weiter einen neuen Pferch bauen. Ich wischte mir übers Gesicht. Die Sonne stand jetzt hoch, und ich kletterte in den Jeep und drehte das Gebläse auf die höchste Stufe. Im Winter, wenn ich mit bloßen Händen Zäune abrollte, bei Graupelregen Pfähle in den gefrorenen Boden rammte und die alten nur mit einem Brecheisen herauslösen konnte, wenn sich die Netze, hart vom Frost, kaum zusammenrollen ließen, wenn ich im Schnee kniete und mit tauben Fingern versuchte, einen Strick um ein Bündel zu schlingen oder einen Knoten zu binden, dann dachte ich manchmal an diese Momente. Auch im Frühjahr konnte die Arbeit hart sein. Bei Tauwetter, wenn der Boden zu nass war, um mit dem Jeep auf die Weide zu fahren, schleppte ich die Zäune über weite Strecken. Im vergangenen Jahr hatte Papa eine alte Öltonne auf halber Höhe durchgesägt, Zäune hineingeladen und Ondra davorgespannt. Beinahe leichtfüßig zog sie die Last durch den Matsch.

»Sieht aus wie im Zweiten Weltkrieg«, sagte Papa und lachte, doch ich war dankbar.

Später füllte ich die Tränke mit frischem Wasser, stellte Lecksteine auf, und wo Kötel im Gras lagen, untersuchte ich sie auf Würmer. Ich zog die Karre, an der sich die Schafe rieben, wenn es sie unter ihrem Fell juckte, in den neuen Pferch. Dann löste ich die Pfähle des alten Zauns, wickelte die Netze zu Bündeln und verstaute sie im Jeep.

Zwei Schafe spielten mit einer leeren Leckschale, stießen sie mit der Schnauze vor sich her, ein anderes Schaf kam dazu und kickte mit der Klaue danach wie nach einem Fußball – alle drei erschraken über das Geräusch und sprangen beiseite. Ich lachte und stieg über den Zaun. Schafe waren nicht dumm, aber schlau waren sie auch nicht.

Obwohl mich die Tiere kannten, hielten sie Abstand. Nur Glöckchen kam neugierig näher, sein struppiges Fell kitzelte an meinen nackten Beinen. Ich beobachtete die Herde, guckte, ob ein Tier hinkte, humpelte oder lahmte. Einige Schafe waren bereits trächtig, doch zeigten ihre Bäuche noch keine Schwellung. Im vergangenen Jahr hatten meine 600 Mutterschafe knapp 1000 Lämmer geboren. Die besten hatte ich für die Zucht behalten, die anderen dem Schlachter verkauft. In der Gegend gab es bereits zwei Schäfereien, die ihr Fleisch im Direktvertrieb verkauften, und als Zugezogene wollte ich nicht mit ihnen konkurrieren. Der Schlachter wog die Lämmer, zog fünf Prozent ab, wenn ihre Mägen vollgefressen waren, zog noch einmal ein bis drei Prozent ab, wenn es viel geregnet hatte und ihre Felle nass waren, und zahlte mir auf das restliche Gewicht einen Kilopreis zwischen 2,10 und 2,40 Euro. Als ich entdeckte, dass die Nachfrage nicht nur zu Ostern, sondern auch zum islamischen Opferfest stieg, handelte ich sogar einen Kilopreis von 2,65 Euro heraus. Mein einziger Misserfolg mit der Schafzucht war die Anschaffung von zwanzig Stallschafen gewesen, die sich nicht in die Herde einfügten und oft kränkelten, sodass ich sie nach einer Weile ebenfalls dem Schlachter verkaufte.

Die Schafe kauten und guckten.

Ihre gelben Ohrmarken blitzten in der Sonne, der Löwenzahn leuchtete, und Glöckchen trabte neben mir her, als ich durch den Pferch lief. An einer Stelle zwischen zwei Pfosten stieg ich über den Zaun, holte die frisch aufgeladene Reservebatterie aus dem Jeep und lief zum Weidezaungerät, um wieder Strom auf die Zäune zu schalten. Auf der angrenzenden Wiese fuhr ein Bauer Heu ein. Ein Stück weiter hackte ein anderer Mais. Die Geräusche der Traktoren mischten sich mit dem Summen der Insekten, dem Sirren der Mücken, dem Brummen der Fliegen. Es roch nach warmer Erde und Staub, meine Schläfen pochten, und meine Haare schien zu glühen. So eine Hitze war ungewöhnlich für Anfang Juni, doch ich war froh, schließlich hatte es fast den ganzen Mai geregnet, beinahe hätte der Regen die Heuernte verdorben.

Im Jeep tastete ich nach der Wasserflasche. Ich ließ Jenna aus meiner hohlen Hand saufen, dann trank ich selbst in großen Schlucken.

Im Dorf hielt an der Bushaltestelle gerade der Schulbus. Kinder drängten heraus und rannten lachend und schreiend Richtung Spielplatz. Auf der Hauptstraße lagen Kuhfladen – Karl Behrend hatte seine Färsen durchs

Dorf getrieben. Die alte Frau Gruber mähte ihren Rasen, und in der Schulstraße stand die Nachbarin unterm Walnussbaum und fütterte ihre Hühner, ein Dutzend Vorwerk-Hühner, kräftig, mit braunem Gefieder und pechschwarzen Kopf- und Schwanzfedern. Wie die gleichnamigen Staubsauger fraßen sie alles, doch die Nachbarin liebte sie und nannte jedes beim Namen. Ich winkte und bog ab in unsere Einfahrt.

Mama hatte Lammbratwürstchen gegrillt, und wir aßen im Schatten auf der Terrasse zu Mittag. Ich fuhr mit dem Messer durch die Wurst – das Fleisch war dunkelrot und saftig. Flora reichte mir die Schüssel mit dem Paprikagemüse; Mama und sie aßen seit einer Weile vegetarisch.

»Lecker«, sagte ich mit vollem Mund.

»Geht eben nichts über eigene Zucht.« Papa schob sich gleich einen ganzen Schwung Würstchen auf den Teller.

»Das sagst du nur wegen deiner Schweine«, neckte ihn Mama.

»Was denn, was denn?« Er sah auf.

»Stell dir vor, du solltest Klee für 800 Schweine mähen!«

Papa verschluckte sich beinahe. Neben den Hühnern und Enten versorgte er die beiden Schweine, die wir für den eigenen Bedarf hielten. Jeden Morgen mistete er ihre Koben aus, streute frisches Stroh ein und fütterte sie mit gekochten Kartoffeln, Mohrrüben, Gerste und Mais. Fuhren wir zu den Schafen, nahm er die Sense mit und mähte Klee. Er gab den Schweinen Spielzeug, damit sie sich nicht langweilten, er hegte und pflegte sie, bis im Herbst der Schlachter kam.

Ich kaute, schluckte und leerte mein Wasserglas in einem Zug. »Wir essen wirklich gut«, sagte ich. »Richtig bewusst geworden ist mir das neulich, als ich der neuen Nachbarin am Rundling eine Rehkeule geschenkt habe, weil sie mir aus Lüneburg ein paar Bücher mitgebracht hat, die ich bestellt hatte.«

»Die pensionierte Lehrerin, die aus Berlin zugezogen ist?« Mama reichte Flora den Teller mit den Gemüsebratlingen.

Ich nickte und tunkte mein Lammwürstchen in die Paprikasoße. »Sie hat gar nicht aufgehört zu schwärmen, wie lecker das Reh gewesen sei, so köstlich und zart, dabei sei sie nicht mal eine begabte Köchin. Auch ihre Freunde hätten sich die Finger geleckt.«

Flora kicherte.

»Wahrscheinlich kauft sie ihr Fleisch sonst im Supermarkt.« Mama stand auf und nahm eine gegrillte Paprikaschote vom Rost. »Das Reh hat im Wald gelebt, es hat Gräser und Kräuter gefressen, bis du es erlegt hast. Natürlich hat sein Fleisch ein viel feineres Aroma.«

»Ich kauf' im Supermarkt höchstens mal ein Wiener Würstchen, wenn ich unterwegs bin und Hunger hab'.«

»Viele Leute wissen gar nicht, wie gut Fleisch schmecken kann.« Papa rieb sich Fett von den Lippen. »Rehgulasch! Wildschweinsteak! Selbst gemachte Sülze!« Er verdrehte die Augen, und mir war, als zuckte meine Schwester zusammen, doch sie sagte nichts. Meine Eltern hatten immer bewusst eingekauft, kaum Süßigkeiten, Mineralwasser statt Limonade. »Cola macht schwarze Füße!«, hatte Papa geschimpft. Ich war sechzehn, als ich zum ersten Mal Coca-Cola trank.

»Wer immer alles so billig wie möglich haben will, wird nie erfahren, was Qualität ist«, sagte ich und schob meinen Stuhl zurück. »In der Fachschule wollten ein paar Mitschüler einen Maststall für Biohähnchen aufbauen. Einer kannte den Manager eines großen Mastbetriebs, der sagte ihm: ›Vergiss es, Biohähnchen kauft keiner! Das Geschäft lohnt sich nicht.‹«

»Dabei sind Bioprodukte längst keine Nische mehr«, sagte Flora.

»Stimmt«, sagte ich und ging zum Grill.

»Haben sich deine Mitschüler dann für einen konventionellen Stall entschieden?«, fragte Mama.

»Ich glaube, sie haben den Plan aufgegeben.« Ich nahm heiße Würstchen vom Rost und schaufelte sie auf Papas und meinen Teller.

»Wenn's nur darum geht, so billig wie möglich zu produzieren, wird's auch in Zukunft Mastställe geben, in denen sich die Schweine die Schwänze abbeißen«, brummte er. »Man wird immer wieder Dioxin und Schimmelpilze und was weiß ich für einen Dreck in Lebensmitteln finden.« Er stach mit der Gabel in die Wurst, als wäre sie schuld daran. »Dabei ruinieren ein paar Kriminelle den Ruf einer ganzen Branche. Schließlich sind die Händler und Verwerter die schwarzen Schafe, nicht die Landwirte!«

»Viele junge Landwirte, die ich kenne, achten sehr auf ihre Tiere.« Ich setzte mich wieder und biss in ein

Lammwürstchen. »Sie zerbrechen sich den Kopf über Tief-, Hoch- und Liegeboxen, über den optimalen Stall, Tierwohl und Tierschutz. Sie wissen einfach, dass sie nur dann gute Produkte erzeugen, wenn es ihren Tieren gut geht.«

»Aber am Ende verkaufen sie auch nur das, was der Verbraucher haben will!«, schimpfte Papa mit vollem Mund. »Und die meisten wollen's eben billig.«

Mama seufzte.

»Wie geht's eigentlich Hella?«, fragte ich und griff nach der Mineralwasserflasche.

»Sie lahmt immer noch«, antwortete Mama, ließ die Gabel sinken und lehnte sich zurück. »Ich hab' den Tierarzt angerufen.«

Ich schenkte uns Wasser nach. Mama fuhr sich über die Lippen, und als ich mein Glas hob, sah ich sie über den Rand hinweg an.

»Sie ist eben schon alt.« Sie zuckte mit den Schultern.

Ich nickte. Ich wusste, dass Mama an ihrem Pferd hing – gerade deshalb verstand ich nicht, warum sie es nicht erlöste. Auch Flora, die seit Kurzem Landwirtschaft studierte, wollte die Stute so lange wie möglich am Leben erhalten.

Ich sah zu Papa, und unsere Blicke kreuzten sich. In seinen Augen lag etwas, das ich nicht kannte. »Manchmal bist du ganz schön hart, Isa«, sagte er.

»Ich?« Ich schluckte und verschluckte mich, hustete. Flora klopfte mir auf den Rücken.

»Du warst es doch, der mir beigebracht hat, dass Tiere nicht zum Verhätscheln da sind.«

Papa stach in eine Kartoffel und zerteilte sie. »Bei Pferden und Hunden ist das was anderes.«

Ich schluckte wieder. Ich dachte daran, wie traurig ich gewesen war, als er mein silbergraues Lieblingskaninchen geschlachtet hatte. Als der Fuchs Anna-Hahn geholt hatte. »Und weißt du noch, wie du Rambo verkauft hast«, fragte ich leise.

»Das Pony, das immer umfiel?«

Ich nickte: »Ich kam aus der Schule, lief in den Stall und da war kein Pony mehr. Ich lief zum Hühnergehege, in den Obstgarten, auf die Koppel. ›Wo ist Rambo?‹, hab' ich dich gefragt, und du hast mit den Schultern gezuckt und gesagt: ›Ist er nicht im Stall? Geh noch mal suchen, irgendwo wird er schon sein.‹ Ich lief wieder los und suchte überall, doch mein Pony war verschwunden. ›Ach ja‹, hast du schließlich gesagt, ›jetzt fällt's mir wieder ein: Ich hab' ihn verkauft‹.«

»Aber ich hab' dir ein neues Pferd gekauft.« Papa strich sich eine Strähne aus dem Gesicht und griff nach seinem Bierglas.

»Darum geht's nicht. Ich hab' Rambo geliebt, und ich war traurig, als er plötzlich weg war.«

Papa leerte sein Glas. Er biss in sein letztes Lammwürstchen und kaute schweigend.

»Warum sagst du, ich sei hart?«

19.

Im Herbst 2010 lebte ich seit einem Jahr wieder ganz in Lomitz. Während meiner Ausbildung im Landhandel war ich jedes Wochenende nach Hause gefahren, hatte gepflügt, gesät, geerntet. Nun erwachte ich morgens in dem kleinen Anbau neben Mamas Blumengarten, den ich mir hergerichtet hatte, aß meine Haferflocken, fütterte Ondra und die anderen Pferde und fuhr zu den Schafen. Ich bewirtschaftete die Felder und verhandelte Preise für Kartoffeln, Heu und Getreide, ich wechselte Reifen und schmierte Achsen, wartete Maschinen und erledigte Umsatzsteuer-Voranmeldungen, füllte Flächenanträge aus und stellte Agrardieselanträge, steckte Pferche ab und schnitt die Büsche am Feldrain, damit sie meinen Traktor nicht verkratzten, ich schor Schafe, machte Holz und pflegte unsere Wälder. Abends spürte ich jeden Muskel in meinem Körper. Ich spürte die frische Luft auf meiner Haut und den Frieden, der mich erfüllte. Ich wusste, was ich getan hatte, und fiel müde und glücklich ins Bett.

Schon bald nach der Übernahme hatte ich beschlossen, den Hof künftig ökologisch zu bewirtschaften. In der Ausbildung lernte ich viel über Pflanzenschutzmittel, und je mehr ich lernte, desto offensichtlicher wurde mir, dass die gesündesten Lebensmittel ohne Pestizide angebaut wurden. Ein Feld musste sauber sein, frei von Unkraut und Schädlingen, für mich als Landwirtin war das eine Frage der Berufsehre – doch je mehr Bücher über Ökolandbau ich las, desto spannendere Methoden der mechanischen Unkrautbekämpfung entdeckte ich. In der Berufsschule hatte man mir beigebracht, wenn ich nur dies streute und jenes spritzte, konnte eigentlich kaum etwas schiefgehen. Nun lernte ich Techniken kennen, die stets auf ein gesundes Zusammenspiel von Mensch und Natur ausgerichtet waren. Im Biolandbau pflegte man Böden, damit sie nachhaltig fruchtbar blieben, man schonte Ressourcen, erhielt bewährte und robuste Kulturen, stärkte die Artenvielfalt und das Ökosystem. Antibiotika, Wachstumsverstärker und Gentechnik waren tabu. Ökologische Landwirtschaft war in jeder Hinsicht anspruchsvoller als konventionelle Landwirtschaft.

Sie war eine Herausforderung.

Eine Herausforderung, die mich reizte.

Im Wendland gab es Höfe, die nach ökologischen Kriterien betrieben wurden. Anders als in Groß Düngen, wo die Böden feucht und fruchtbar waren, wo alles wuchs und die Landwirte machten, was sie seit zehn, zwanzig, dreißig Jahren gemacht hatten, war man hier offener für Neues. Dazu kam der Einfluss der Umweltbewegung, der Widerstand gegen das geplante Atommüllendlager Gorleben – viele Aussteiger waren hierher gezogen, hatten alte Bauernhäuser renoviert und lebten ein alternatives Leben. Mir ging es jedoch nicht um irgendeine Ideologie. Für mich zählte schlicht der Nutzen für Menschen und Natur.

Ich informierte mich, las und dachte nach. Ich stellte Wirtschaftlichkeitsberechnungen an und kam darauf, dass es sich auch finanziell lohnen konnte, Ökolandbau zu betreiben. Schließlich sprach ich mit meinen Eltern. Papa hatte Jahrzehnte lang konventionell gewirtschaftet und war immer ein erfolgreicher Ackerbauer gewesen, seine Felder hatten stets ausgesehen wie aus dem Lehrbuch: Nirgendwo wuchs ein Halm, der dort nicht wachsen sollte. Trotzdem war es nicht schwierig, ihn und Mama zu überzeugen, und als er entdeckte, dass im Ökolandbau Techniken genutzt wurden, die er noch aus seiner Kindheit kannte, war er geradezu begeistert von der Idee.

Am meisten schreckte mich die Umstellungsphase. Zwei Jahre würde ich meine Felder nach strengen ökologischen Kriterien bewirtschaften – die Erträge jedoch nur als Umstellungs-, nicht als Bioware vermarkten dürfen. Kontrolleure würden regelmäßig Scheunen und Ställe inspizieren, ich musste betriebliche Abläufe verändern und mindestens 50.000 Euro in die Anschaffung von Maschinen zur mechanischen Unkrautvernichtung investieren: in eine Wiesenegge, einen Queckenkiller, einen Schwergrubber und einen zwölf Meter breiten Präzisionsstriegel – ein Gerät, dessen Aggression sich hydraulisch steuern ließ: Ohne vom Traktor zu steigen, konnte ich bestimmen, ob sich der Striegel durch den Boden wühlte oder sanft wie eine Babybürste über die

Oberfläche kitzelte – was mich, zugegeben, durchaus faszinierte. Doch es war eine Entscheidung mit weitreichenden Konsequenzen und die bedeutendste Entscheidung, die ich als Hofchefin bislang zu treffen hatte.

Im Spätsommer 2009 hatte ich begonnen, die Böden umzustellen (innerhalb der zweijährigen Übergangszeit würden Pflanzenschutzmittel, die noch im Boden waren, abgebaut und neue Pflanzen Reste alter konventioneller Düngemittel absorbieren). Im Herbst häckselte ich die Felder mit dem Mulcher (Kurt Kaiser hatte schließlich doch mit mir verhandelt, und als ich sagte, ich hätte ein Angebot für 5.700 Euro vorliegen, legte er auf, rief kurz darauf wieder an und erklärte, er habe sich verrechnet, doch da hatte ich den anderen Mulcher schon gekauft). Im darauffolgenden Frühjahr kaufte ich zum ersten Mal Biosaatgut. Ich hatte beschlossen, Körnermais anzubauen, den ich als Viehfutter verkaufen wollte, und schon die Auswahl war schwierig: Es gab diverse konventionelle Sorten, doch sie waren gebeizt, also mit Pflanzenschutzmitteln behandelt worden. Die wenigen ungebeizten Sorten waren um 30 bis 50 Prozent teurer.

Ich rief den Lohnunternehmer an, und als er vorfuhr, kontrollierte ich seine Sämaschine auf eventuelle Rückstände konventionellen Saatguts. Ich passte auf, dass er die Saat schnurgerade ausbrachte. Mit dem Zollstock maß ich den Abstand zwischen den Pflanzen (nicht weniger als 15 und nicht mehr als 16 Zentimeter!). Ich passte auf, dass er nicht zu viele Maispflanzen pro Quadratmeter säte (genau acht!), da der Boden nur begrenzt Wasser und Nährstoffe speicherte. Gleichzeitig musste der Ertrag stimmen. Ich blätterte durch die Exceltabellen mit meinen Berechnungen zu Nährstoffgehalt, Saatmengen und Wirtschaftlichkeit, ließ den Bordcomputer der Sämaschine programmieren, prüfte das Ergebnis, ließ die Eingaben korrigieren und prüfte wieder. Anschließend zog ich einen Zaun um das frisch bestellte Feld, rammte Pfähle in den Boden und sicherte 110000 Quadratmeter Land mit Elektronetzen vor hungrigen Wildschweinen.

Drei Tage später fuhr ich zum ersten Mal mit meinem neuen Striegel vor. Vorsichtig manövrierte ich ihn über die Keimlinge und zupfte Unkraut, mit der Präzision eines Uhrmachers, um bloß kein Maispflänzchen zu verletzen. Am Tag darauf fuhr ich wieder hinaus, am Tag darauf ebenfalls. Fürsorglich inspizierte ich meine Sprösslinge, striegelte sie, häufelte und hackte. Ich vernichtete Unkraut, wenn es noch im Fadenstadium war, und wuchs doch irgendwo ein Blättchen, rückte ich mit der Maishacke an. Mit dem Häufelgerät häufelte ich Erde an die Stängel meiner Pflänzchen, um sie zu schützen. Papa half mir. Damals, als er Kind gewesen war, hatte mein Großvater Pferde vors Hackgerät gespannt, tagelang waren sie über die Felder gelaufen, und als er jetzt davon erzählte, hörte ich aufmerksam zu. Auf dem Dachboden fand ich Bücher über alte Kulturtechniken, sie waren in Sütterlin gesetzt, doch ich las sie und fand etliche interessante Tipps zur mechanischen Unkrautbekämpfung.

Unterdessen wuchs mein Mais wie eine Schar wohlgenährter Säuglinge. Nun befreite ich die aufschießenden Stauden von Ackerwinden, die sie zu erwürgen drohten. Ich riss Melde aus, rupfte Gemeine Quecke, Gewöhnliche Vogelmiere, Ackerstiefmütterchen und Disteln.

Doch was auch immer ich tat – nur allzu oft war das Unkraut schneller.

Ständig war ich unterwegs, zog Bodenproben und ließ den Gehalt an Stickstoff, Phosphor und Kali bestimmen, an Zink, Mangan und Schwefel. Ich beriet mich mit meinem Cousin Heinrich (Scheiße ist mein Steckenpferd!). Ich karrte Bioputenmist an und düngte mit Kalk, um den Boden mit Nährstoffen und Spurenelementen zu versorgen. Ich striegelte, häufelte, hackte – und manchmal dachte ich daran, wie ich bisher mit einer 20 Meter breiten Spritze über die Fläche gefahren war und innerhalb von Minuten sämtliches Unkraut auf Monate vernichtet hatte. Wie simpel, dachte ich, beinahe unanständig …

Gute Bodenpflege ist die hohe Schule des Biolandbaus. Sie macht Arbeit. Gleichzeitig ist es nichts Besonderes, einen Acker ohne Pflanzenschutzmittel sauber zu halten. Das konnten bereits unsere Großeltern und Urgroßeltern, sie sind ja nicht Hungers gestorben. Nur ist ihr Wissen im Lauf der Zeit verloren gegangen, weil es so viel praktischer war, chemische Mittel auszubringen.

Im Sommer stand mein Mais so hoch und dicht, dass ich nicht mehr mit den Maschinen durch die Reihen fahren konnte. Nun musste ich ihn sich selbst überlassen – und wie eine Mutter, deren Kinder aus dem Haus gingen, hoffte ich das Beste. Ich hoffte auf gutes Wetter, Sonne und Wärme. Ich hoffte auf Regen, nicht zu viel und nicht zu wenig. Ich hoffte, dass der Zaun hielt, und patrouillierte mit Jenna durchs Feld, um Wildsauen aufzutreiben und Frischlinge, denen es doch gelungen war, ihn zu überwinden.

Im Herbst prüfte ich die Reife der Maiskörner. Üblicherweise lag ihr Feuchtigkeitsgehalt bei etwa 30 Prozent – bei meinen Pflanzen lag er sogar bei fast 40 Prozent. Der Mais war also hochverderblich. Ich rief bei der Biogasanlage an und im Landhandel und vereinbarte einen Trocknungstermin.

An einem Morgen Mitte November 2010 war es so weit. Ich stieg auf den Traktor und fuhr hinaus zu den Feldern, wo der Lohnunternehmer mit seinem riesigen Mähdrescher meinen Mais einbrachte – die erste Ernte nach der Umstellung auf Ökolandbau. Ein Jahr würde es noch dauern, bis mein Hof ein zertifizierter Biobetrieb wäre. In zwei Jahren würde ich meine erste Bioernte einfahren. Ich würde künftig weniger Ertrag pro Hektar erwirtschaften. Ich würde mehr Zeit und Arbeit investieren, mehr Maschinen, mehr Diesel, mehr Wartungskosten. Am Ende würde ich, wenn alles gut ginge, auch einen höheren Preis erzielen. Viele, aber nicht alle Verbraucher wollten billige Lebensmittel, immer mehr honorierten den Einsatz für Natur und Umwelt und waren auch bereit, höhere Preise für gesünderes Essen zu bezahlen. Doch schon jetzt, am Ende meines ersten Jahrs als Biobäuerin, wusste ich, dass ich die richtige

Entscheidung getroffen hatte – ich produzierte gesunde Lebensmittel, meine Arbeit war anspruchsvoller geworden, und ich wirtschaftete im Einklang mit der Natur. Seit ich auf der Welt war, liebte ich Tiere, Pflanzen, Wälder, Felder. Sollte nicht gerade ich alles tun, um sie zu schützen? Sollte nicht gerade ich als Landwirtin alles tun, um die Natur und ihren Reichtum für künftige Generationen zu erhalten?

20.

Wieder knackte ein Zweig unter meinen Stiefeln. Der Boden war weich, doch auf einer dicken Schicht Fichtennadeln lagen Zweige und Äste, die die Novemberstürme von den Bäumen geblasen hatten. Ein fahler abnehmender Mond stand über dem Wald, und in der Ferne erkannte ich schemenhaft die Pfosten des Hochsitzes.

Ich wandte mich um und sah die hellen Flecken in Jennas Fell im Dunkel schimmern. Ich hörte das Geräusch ihrer Pfoten auf dem Boden und spürte im nächsten Moment ihre Schnauze an meiner Hand. Am Morgen war ich mit Papa in den Wald gefahren, um Holz zu poltern: Mit dem Frontlader hatten wir Baumstämme am Wegrand zu Haufen gestapelt, wo sie der Lkw holen würde. Nach dem Mittagessen fuhren wir wieder in den Wald und sägten die Baumkronen zu Brennholz. Dabei entdeckte ich frische Wildschweinfährten und beschloss, abends noch auf die Jagd zu gehen. Die Wildschweine hatten sich in den vergangenen Jahren stark vermehrt und auf meinem Körnermaisfeld einigen Schaden angerichtet.

Hinter einer Senke bog ich um die Kurve. Der Weg führte nun am Waldrand entlang, trübes Licht drang ins

Unterholz. Auf der dahinterliegenden Fläche hatte ich einen Wildacker angelegt und Mais, Senf, Futterraps, Klee und Markstammkohl ausgesät, damit das Wild im Winter Nahrung und etwas Deckung fand.

»Au.« Zu spät erkannte ich den Umriss eines Astes, der quer auf dem Weg lag. Wieder ärgerte ich mich, dass ich keine Taschenlampe dabeihatte; als ich nach dem Holzhacken noch mit dem Traktor zum Supermarkt gefahren war, um Batterien zu kaufen, hatte er schon geschlossen.

Vorsichtig lief ich weiter Richtung Hochsitz. Er war schon älter, einer von denen, die Papa noch nicht renoviert hatte. Er war einfach ausgestattet, und in der Kanzel roch es modrig, doch er bot einen guten Blick über den Wildacker. Wildschweine liebten den Mais und den Markstammkohl.

Die Sprossen der Leiter waren feucht und glitschig. Ich prüfte den Halt, hängte mir das Gewehr über den Rücken, sodass es nicht verrutschte, und leinte Jenna an. Unter meinen Fingern spürte ich das kalte raue Birkenholz. Oben stand die Einstiegsluke offen – hatte Papa vergessen, sie zu schließen?

Ich steckte den Kopf in die Kanzel. Ein strenger Geruch schlug mir entgegen. Es war stockdunkel, durch die Ritzen zwischen den Latten fiel kaum Licht. Ich versuchte, mich zu orientieren.

Ein Fauchen.

Ich fuhr zusammen. Mein Stiefel rutschte auf dem Holz, ich umklammerte den Pfosten und starrte ins Dunkel.

Ein Fauchen, kurz und kehlig, dicht neben meinem Ohr.

Blitzschnell zog ich den Kopf ein, tastete nach der nächsten Sprosse, stieß auf etwas Klebriges, rutschte wieder, hielt mich fest. Das Blut rauschte in meinem Schädel, tief unter mir hörte ich ein Rascheln.

Ein Kratzen.

Ein Krachen.

Und wieder ein wütendes Fauchen.

Aus dem Augenwinkel sah ich ein Tier am Rand der Luke entlanghuschen, einen katzengroßen Schatten.

Panisch stolperte ich die Leiter hinab.

Zu Hause lag Papa in der Badewanne. »Nimm dir einen Knüppel und sieh selbst nach«, sagte er. »Oder frag Eugen, der sitzt bei Mama in der Küche.« Eugen, der alte Schäfer, hatte uns beim Klauenschneiden geholfen.

Ich stürzte in die Küche.

»Isa«, Eugens kahler Schädel glänzte, und seine Brauen standen wie spitze Dreiecke über den Augen. »Was ist passiert?«

Auch Mama sah auf. »Dir steht ja der Schreck ins Gesicht geschrieben.«

»Setz dich, Mädchen.« Eugen schob seinen Schäferhut beiseite, der neben ihm auf der Küchenbank lag, und füllte das Schnapsglas, das auf dem Tisch stand. Ich setzte mich und erzählte von dem Fauchen, dem Gestank, dem unheimlichen Tier, das auf mich losgegangen war.

Gemeinsam fuhren wir zurück ins Revier.

»Bleib du hier«, sagte Eugen, als wir den Hochsitz erreichten. Mit der Taschenlampe leuchtete er zur Luke hinauf, die immer noch offen stand. Mit der Lampe in der einen Hand, in der anderen einen Knüppel, stieg er die Sprossen hinauf. Seine Bewegungen waren sparsam und ein wenig kantig; er wurde bald siebzig, und ein wenig schämte ich mich, dass er und nicht ich dort hinaufkletterte. Jenna winselte, und ich drückte sie an mich und grub mein Gesicht in ihr Fell.

Oben leuchtete Eugen in die Luke. Eine Windböe rauschte durch die Zweige der Fichten. Etwas raschelte im Dickicht. Ein hohes Fiepen, ein leises Knacken und Gescharre im Unterholz. Ein langer, beinahe klagender Ruf und ein Flügelschlag – eine Eule?

Ich saß oft allein auf dem Hochsitz, morgens in der Dämmerung, an Sommerabenden, in Winternächten. Ich sah zu, wie die Wolken dahinzogen, wie die Sonne unter- und der Mond aufging, und lauschte in die Stille, bis ich irgendwo den Ruf eines Vogels ausmachte, den Schrei eines Hirschs, das Tippeln der Waschbären, den schweren Galopp oder das Grunzen eines Wildschweins. Sobald ein Rudel Dammwild aufzog, ein Fuchs durch den Wildacker schlich, ein Hase Witterung aufnahm, ein Rehkitz, ein Rebhuhn, spannte sich mein Körper. Ich legte das Gewehr an und peilte durchs Zielfernrohr, folgte dem Tier, das nichts ahnte, ließ es nicht aus dem Blick. In vollkommener Konzentration wartete ich auf den Moment, in dem ich es mit einem einzigen Schuss, einem Blattschuss, zur Strecke bringen konnte, und mir wurde heiß, wenn es so weit war.

Ein einziges Mal hatte ich Angst bekommen. Ich war allein auf Rehbockjagd gewesen, als plötzlich eine

Gruppe Männer aus dem Wald auftauchte. Sie unterhielten sich und lachten laut. Ich ärgerte mich, denn sie vertrieben das Wild. Sie liefen zu unserem anderen Hochsitz auf der gegenüberliegenden Seite des Wildackers und kletterten hinauf. Ich wurde wütend, denn ich mochte es nicht, wenn sich Fremde dort breitmachten. Nach einer Weile kletterten sie wieder hinunter, taumelnd und grölend, und einer von ihnen deutete übers Feld. Ich fuhr zusammen und ging in Deckung, obwohl ich wusste, dass er mich in der Dämmerung nicht sehen konnte.

Die Männer stapften über den Wildacker.

Ich schäumte, doch je näher sie meinem Hochsitz kamen, desto mulmiger wurde mir auch. Ihre Stimmen wurden lauter, sie lachten und johlten und waren offensichtlich betrunken. Ich spürte, wie sie gegen die Leiter traten. Ich spürte, wie der Hochsitz schwankte, als der Erste von ihnen die Sprossen erklomm. Blitzschnell setzte ich mich auf die Luke, sodass er sie nicht aufstoßen konnte.

Mit den Fäusten hämmerte er von außen gegen das Holz.

»Du mussas Schloss aufmachen!« krakeelten seine Freunde.

»Hier iss kein Schloss!«

»Da mussein Schloss sein! Bissu zu blau?« Sie lallten und lachten. »Suchas Schloss, maches auf!«

Der Boden schwankte immer heftiger, wahrscheinlich stiegen jetzt auch die anderen die Leiter hinauf.

Würde der Hochsitz umkippen?

Würde ich die Luke geschlossen halten können, wenn sie zu dritt dagegenstießen?

Im nächsten Moment sprang ich auf, riss die Klappe hoch und brüllte: »Verschwindet!«

Die Männer, die jünger waren, als ich gedacht hatte, fielen beinahe die Leiter hinunter.

»Ey Alter …«, stammelte einer.

»Ey … dasissja … dasissja'n Mädchen!«

»Runter mit euch und macht euch vom Acker. Ich will hier einen Bock schießen!«

Einer kicherte, aber alle waren so perplex, dass sie rückwärts die Leiter hinunterstiegen.

»Eyalter …« Der Kleinste, ein Mondgesicht mit roten Haaren, fiel rückwärts ins Laub, weil er die unterste Sprosse verfehlt hatte. Er rappelte sich auf und starrte, den Kopf in den Nacken gelegt, zu mir herauf, starrte mich an wie eine Erscheinung.

»Schi-schießen?«, stammelte sein Kumpel, ein Blonder in einem Hawaiihemd. »Du meinst … du meinst, du hassein Gewehr?«

»Und zehn Schuss Munition«, rief ich, »oder glaubst du, ich kitzel das Reh, bis es tot ist?«

Sie kicherten, und der Rote lachte, und es klang nicht sehr Furcht einflößend.

»Auf einem Hochsitz, der euch nicht gehört, habt ihr sowieso nichts verloren, also seht zu, dass ihr Land gewinnt!« Ich schlug die Luke zu und ging zum Fenster. Ich griff nach meiner Büchse, spürte den Lauf in meiner Hand; doch ich würde nur in Notwehr mit dem Gewehr auf einen Menschen zielen.

Unten wischten sich die Jungs die Haare aus dem Gesicht, sie zupften an ihren Hemden, strichen über ihre Hosen, und einer zog ein Päckchen Zigaretten aus der Tasche. Nachdem sich jeder eine Zigarette angezündet hatte, stapften sie, erstaunlich still diesmal, über den Wildacker. Bevor sie auf der gegenüberliegenden Seite im Wald verschwanden, drehten sie sich noch einmal um. Dann waren sie verschwunden.

Ein Fauchen.

»Hoho!« Eugens Beine ragten aus dem Hochsitz, sein Oberkörper war im Dunkel verschwunden, und durch die Ritzen zwischen den Latten sah ich den Lichtkegel seiner Lampe hin- und herschwenken. »Hohoho!«

Ein Fauchen, panisch und wild.

Ein Fauchen. Ein Schlag. Ein Schrei.

Ich schauderte und presste Jenna an mich.

»Verdammtes Mistvieh!«

Fauchen. Kratzen. Schläge.

Und noch ein Schrei, schrill und panisch.

Ich biss mir auf die Lippe.

»Komm her, verflucht noch mal!«

Schläge, schnell und in immer kürzeren Abständen. Der Knüppel, der über den Boden wischte, klopfte, hämmerte.

Dusch-dusch-dusch.

Ein Schrei – markerschütternd.

Mir blieb beinahe das Herz stehen.

»Ha! Hab' ich dich!«

Ein Schatten in der Luft.

Ein dumpfer Aufprall, ganz nahe.

Ich sprang zur Seite.

»Es ist ein Waschbär«, rief Eugen, und der Strahl seiner Taschenlampe huschte übers Laub. Ich machte ein dunkles Knäuel aus, das sich am Boden krümmte.

Ich entsicherte das Gewehr und schoss.

»Das Vieh hat sich da oben eingerichtet.« Eugen kletterte die Leiter herunter. Sein Atem ging schwer, und als er unten ankam, nahm er seinen Hut ab und wischte sich über den Schädel. Dann zog er einen Flachmann aus der Innentasche seines Mantels. »Hat wohl die Klappe mit der Schnauze aufgestoßen.« Er setzte sich auf eine der unteren Sprossen und reichte mir den Flachmann.

Ich trank einen Schluck und spürte, wie der Alkohol durch meine Brust strömte. »Morgen frag' ich Papa«, meine Stimme war rau, »ob er ein Zahlenschloss an der Luke anbringt.«

Eugen grinste und prostete mir zu. Dann deutete auf den toten Waschbären. »Hast aber schnell reagiert, Mädchen.«

Es war kurz nach Mitternacht, als ich Eugen nach Hause gebracht und den Waschbären vergraben hatte. Die Wolken rissen auf, und ein eiförmiger Mond leuchtete über Felder und Bäume. Jenna sah mich an, als ich die Schuppentür schloss, ihr Blick war wach und aufmerksam.

»Komm«, sagte ich und schob den Riegel vor. »Wir fahren noch einmal ins Revier.«

Wieder spürte ich die Feuchtigkeit unter meinen Fingern, die Rillen und Unebenheiten des Holzes, als ich die Leiter hinaufstieg, und jetzt sah ich auch die Schatten von Flechten und Moos im Mondlicht. In der Kanzel leuchtete ich mit meiner Taschenlampe in alle Winkel. Ich entdeckte Waschbärspuren, fünf schmale Striche, fast wie eine Kinderhand. Mit dem Stiefel wischte ich Dreck aus der Luke. Die Wolldecken lagen auf dem Boden, und ich hob sie auf; sie rochen muffig, stanken aber nicht, darum faltete ich sie zusammen und legte sie auf die Bank. Dann öffnete ich die Fenster. Unten lag der Wildacker – still und friedlich im silbergrauen Licht. Am Rand war die Erde aufgewühlt, und ich machte ein paar angenagte Maiskolben aus, ein paar Futterrüben, eine vertrocknete Sonnenblume. Ich schlüpfte in meinen Jagdoverall und zog den Hocker heran.

Langsam, wie in Zeitlupe, schob sich eine Wolke vor den Mond. Der Wildacker verschwand im Dunkel, bis nur noch Schemen zu erkennen waren. An einer Längsseite wuchsen Büsche, sie bildeten eine gerade Linie, an deren Ende eine Futterstelle und ein Tümpel lagen. Waschbären kamen häufig dorthin, Rehe und Wildschweine.

Doch jetzt war alles still.

Vollkommene Ruhe lag über der Fläche, nicht einmal ein Vogel schrie. Kaum zu glauben, dachte ich, dass ich vor Kurzem noch mit einem Waschbären gekämpft hatte. In manchen Nächten hörte ich auf dem Hochsitz nichts als das Rauschen der Bäume, das Prasseln des Regens. In Groß Düngen gab es immer ein Grundrauschen von der nahen Autobahn, man hörte Flugzeuge dröhnen, Züge rattern – wirkliche Stille hatte ich erst in Lomitz kennengelernt. Und nichts war so beruhigend und entspannend wie die stille Zeit des Wartens auf einem Ansitz.

Unten hörte ich Jenna niesen. Als Kind hatte ich Fährtenbücher gelesen wie andere Mädchen *Hanni und Nanni* und im Garten eine Tunnelanlage ausgehoben und Frettchen zur Kaninchenjagd abgerichtet. Später hatte ich Äsche und Jenna zu Jagdhunden ausgebildet, ihnen beigebracht, zu apportieren und Schweißfährten angeschossener Tiere aufzunehmen, denn auch wenn ein Jäger gut zielte, lag ein Tier nicht immer tot an der Anschussstelle; ich hatte selbst schon nach Wildschweinen nachgesucht, ohne zu wissen, ob es sich um einen 30- oder 90-Kilo-Keiler handelte. An der Anschussstelle fand ich nur etwas hellschaumiges Blut, was auf einen Lungenschuss hindeutete, sodass das Tier nicht weit gekommen sein konnte, und ich war froh, als Jenna es tot in einer Senke aufspürte. Mit Papa und Onkel Heinrich hatte ich Kaninchen, Füchse und Fasanen geschossen und nachgesucht. Ich hatte besondere Jagdmomente erlebt wie den mit dem Rehbock: Die ganze Nacht hatte ich auf dem Hochsitz gehockt, und kurz bevor mich Papa im Morgengrauen abholte, stand der Bock plötzlich im Feld, keine zweihundert Meter entfernt. Sein Gehörn war nicht imposant, denn er war noch jung, die eine Stange kurz, die andere schief zur Seite gewachsen. Ich legte an, zielte, schoss. Doch der Bock lief davon. Ich stürzte die Leiter hinunter und rannte zur Anschussstelle – im Umkreis von hundert Metern fand ich keine Spur, kein Blut, keinen Mageninhalt, keine Knochensplitter.

»Den findest du nicht mehr«, sagte Papa.

»Doch«, sagte ich.

»Der hat sicher nur einen Streifschuss abgekriegt.«

»Ich schieße kein Tier an und lasse es dann einfach verenden.«

Wir fuhren nach Hause, und ich holte Äsche.

An einer Stelle, wo der Bock über einen Graben gesprungen war, fanden wir schließlich ein Eichenblatt mit einem winzigen Tropfen Blut. Äsche nahm die Spur auf. Trotzdem schien der Bock wie vom Erdboden verschluckt.

Abends saß ich wieder auf dem Hochsitz. Es war ein lauer Sommerabend, und die Vögel zwitscherten, während sich die Dämmerung über die Felder senkte. Angespannt beobachtete ich die Lichtung, den Waldrand, eine nahe Brachwiese. Ich wollte keinem Tier wehtun, ich wollte es fachgerecht töten und verwerten, ich wollte nicht, dass es unter Qualen starb und von anderen Tieren gefressen wurde.

Es dämmerte schon, als ich den Bock sah.

Er erhob sich, keine fünfzig Meter vom Hochsitz entfernt, aus der Brache und reckte den Kopf – ich sah sein Gehörn mit der kurzen Stange, die andere, die schräg zur Seite wuchs. Er hatte die ganze Zeit im Gras gelegen, während ich auf ihn wartete! Wieder legte ich an, zielte und entsicherte, und diesmal brachte ich ihn mit einem sauberen Blattschuss zur Strecke.

Doch in all den Jahren, die ich schon zur Jagd ging, waren mir Augenblicke wie dieser am liebsten – wenn ich auf dem Hochsitz saß und eintauchte in die Stille, wenn die Zeit anzuhalten schien und ich eins war mit der Natur.

Ein schmaler Streifen Licht drang durch die Wolken. Eine kurze Bewegung in der Nähe der Büsche, ein Schatten nur – ich legte mein Gewehr an, spähte durch das Zielfernrohr.

Nichts.

Nur Schwarz.

Doch ich ließ mich nicht täuschen. Ich spürte das Nussholz des Schafts an meiner Wange, die feine Silbergravur unter meinen Fingern, spürte das Gewicht; als Papa mir den Blaser Bergstutzen zur bestandenen Jagdprüfung geschenkt hatte, hatte er das beste Modell gewählt, die schönste Ausführung, das präziseste Zielfernrohr. Still verharrte ich, die Büchse im Anschlag, und folgte dem roten Laserpunkt im Fadenkreuz, bis sich ein Schatten aus dem Schwarz löste.

Ein Wildschwein.

Es schnüffelte an einem Busch. Es stieß seine Nase in die Erde, grub nach Engerlingen, wühlte nach Mäusen. Mal wandte es mir den Kopf zu, mal die Seite. Geduldig wartete ich, bis es gerade auf freier Fläche stand. Ich hatte es im Fadenkreuz, und als es mir den Kopf zuwandte, zielte ich auf die Stelle zwischen den Vorderbeinen unterhalb des Halses, schoss direkt durch den Stich und traf mitten ins Herz.

Das Wildschwein streckte die Beine und fiel um.

21.

Die SMS kam zum Geburtstag: *Herzlichen Glückwunsch und alles Gute …*

Der Absender war Robert.

Seit fast einem Jahr hatten wir nichts voneinander gehört. Anfangs hatte ich jeden aufkeimenden Gedanken an ihn sofort untergepflügt und weggegrubbert. Irgendwann wurde ich versöhnlicher – ich vermisste ihn und sehnte mich nach unseren Gesprächen über Gott und die Welt, über die Hydraulik von MB-Tracs und hexaploide Weichweizensorten, über optimale Düngerberechnung und die Tücken der Schweißhundeführung. Ich vermisste seine aufrichtige, offene Art, seine gute Laune. Ich vermisste, wie er mich bremste, wenn mir das Temperament durchging, und wie er mich ermutigte, wenn ich zögerte. Ich vermisste seine Freundlichkeit, seine anerkennenden Bemerkungen über vermeintliche Belanglosigkeiten wie die Blumen in Mamas Garten, über seine Stofftaschentücher, die ich für ihn gebügelt hatte, über die köstliche Sülze mit den Wachteleiern.

Doch mit der Zeit gewöhnte ich mich an die Leere.

Dann lernte ich Markus kennen, beim Traktor-Pulling auf einem abgeernteten Acker. Eine Bratwurst in der

Hand stand er neben mir am Absperrband und kommentierte die Traktoren und Anhänger, die auffuhren. Ihre Fahrer würden versuchen, so schnell wie möglich durchs Gelände zu kommen – am Ende gewann der geschickteste mit dem stärksten Trecker, der, dem es bis zuletzt gelang, sich nicht festzufahren. Wir lachten und unterhielten uns, Markus war sympathisch und nicht dumm. Er hatte drei Brüder, einer studierte Jura, einer Architektur, einer Maschinenbau, nur er war zu Hause geblieben und half seinem Vater auf dem Hof.

Ein paar Tage später besuchte er mich. Unvermittelt stand er am Feldrand, als ich auf einer Fläche, die ich kurz zuvor gekauft hatte, Winterroggen aussäte.

»Du bist ganz schön fleißig«, sagte er, als ich vom Traktor stieg.

»Wie kommt bei euch die Saat in den Boden?«

Er lachte: »Ich kenn' wenig Mädchen, die so zupacken.«

Das hörte ich nicht zum ersten Mal, trotzdem fühlte ich mich ein wenig geschmeichelt.

»Hast du Lust, am Sonnabend tanzen zu gehen?«

»Ja!« Ich biss mir auf die Lippe und lachte. »Ich meine, ich gehe wirklich sehr gern tanzen.« Ein paar Mal hatte ich versucht, Robert zu einem Tanzkurs zu überreden, doch immer war ihm etwas Wichtiges dazwischengekommen. Irgendwann hatte ich dann Bastian, einen Kollegen im Arbeitskreis junger Landwirte, gefragt.

»Sagen wir, ich hol' dich um acht ab?«

»Okay.« Ich stieg wieder auf meinen MB-Trac, und als ich am Ende der Spur wendete, stand Markus immer noch am Feldrand und sah mir zu.

Trotzdem kamen wir übers Tanzen und Biertrinken nicht hinaus. Machte er einen Vorstoß, machte ich einen Rückzieher.

Drei Tage nach der Geburtstags-SMS rief ich Robert an.

»Oh …« Seine Stimme klang fremd und vertraut.

Mein Herz klopfte schneller. Blödes Herz!

»Ich meine … ich dachte … also … Ich hätte nicht gedacht, dass du anrufst.«

»Soll ich wieder auflegen?«

»Nein, nein.«

Es dauerte, bis wir die richtigen Worte fanden. Bis wir uns trafen, einen Kaffee miteinander tranken. Bis wir wieder jeden Tag miteinander telefonierten, über Gott und die Welt sprachen, über Gründünger, Getreidekrankheiten und Ackerschlagkarteien.

»Wollen wir es noch einmal versuchen?«, fragte ich ihn, als der Sommer zu Ende ging.

Robert holte Luft. Seufzte und wischte eine Fliege von seinem Arm. »Ich weiß nicht.«

Ich biss mir auf die Lippe. Wenn Robert etwas wollte, sagte er das, und man konnte sich auf sein Wort verlassen. Doch es fiel ihm schwer, Nein zu sagen. Meist wurde daraus ein »Weiß nicht«.

»Also ich meine …« Er sah der Fliege nach, die über die Wachstuchtischdecke krabbelte.

Ich schluckte: »Ich denke, ich weiß, was du meinst.«

»Nein …« Er fuhr sich durch die Haare. »Ich meine … also ich weiß nicht …«

»Ist schon gut.«

»Nein, ist es nicht.« Er sah auf.

»Stimmt, ist es nicht.«

»Aber …«

»Eben.«

»Ich meine, wie könnte es denn gehen?« Er lehnte sich zurück und schob die Hände unter die Schenkel. »Wollen wir weiter eine Wochenendbeziehung führen? Jeden Freitag zwei Stunden Fahrt hin, jeden Sonntag zwei Stunden Fahrt zurück?«

»Nein.« Ich zupfte einen Faden von meinem Blusensaum. »Ehrlich gesagt ist das das Letzte, was ich will.«

Robert zuckte mit den Schultern.

»Ich mag keine halben Sachen.«

»Nein«, sagte er.

Und dann sagten wir beide nichts mehr. Eine Weile hörte ich dem Ticken der Uhr über unseren Köpfen zu, wickelte den Faden um meine Fingerkuppe, ließ ihn los, wickelte ihn um meinen Finger …

»Verdammt, das ist doch Mist!« Im selben Moment schlug es zwölf, und ich musste lachen über die unfreiwillige Komik.

Irritiert runzelte Robert die Stirn.

»Meine Güte, wir kennen uns seit sechs Jahren, wir mögen uns, wir können über alles reden, wir interessieren uns für dieselben Dinge, wir lachen über dieselben Dinge – was muss denn noch passieren?«

Er holte Luft, seufzte: »Ich will den Hof nicht aufgeben«, sagte er leise. »Mein Vater braucht mich, und eines Tages werde ich hier alles übernehmen.«

»Ich werde meinen Hof auch nicht aufgeben.«

»Wie soll das dann also gehen mit uns?«

»Weiß ich auch nicht.« Ich zog an dem Faden.

Er riss.

Mit einem Mal wurde ich ungeheuer wütend. Ich starrte auf den Tisch und versuchte, meine Gedanken zu sortieren. Dabei war alles klar, erschreckend klar: Keiner von uns beiden konnte sich vorstellen, seinen Hof aufzugeben und zum anderen zu ziehen. Mein Kopf schmerzte. Meine Beine waren schwer. Mein Körper fühlte sich hohl an.

Irgendwann stand ich auf. Ich sah zur Uhr, zu Robert. Sah seine blaugrauen Augen, diesen Blick, wie warmes Wasser. Seine Lachfältchen. Seine dichten dunklen Augenbrauen, die breiten Schultern. Ich schüttelte den Kopf: »Entweder richtig oder gar nicht, überleg es dir und sag mir Bescheid.«

Dann fuhr ich nach Hause.

Wochenlang hörte ich nichts. Ich traf mich mit Markus auf ein Bier und ging mit Bastian tanzen. Ich striegelte meinen Winterroggen, verkaufte Lämmer und häckselte Wiesen nach. Ich lieferte Stroh und Heu aus und fuhr in den Wald und machte Brennholz. Ich saß auf dem Hochsitz und fuhr mit Papa zu Onkel Heinrich zur alljährlichen Hasenjagd.

Bis Robert anrief. »Ja«, sagte er, »lass es uns noch einmal versuchen.«

»Nur, wenn es eine gemeinsame Perspektive gibt.«

»Ja, das will ich auch.«

»Keine Pendelei mehr.«

»Nein.«

Dann sprachen wir lange darüber, wie eine gemeinsame Zukunft aussehen könnte. Wir fanden keine Lösung. Doch nach diesem Gespräch waren wir sicher, dass wir sie finden würden, eines Tages.

22.

Im Sommer hatte ich 30 Hektar Heu gemäht. Dann begann es zu regnen. Es regnete sieben Tage lang, das Heu wollte nicht mehr trocknen. Am Ende verschenkte ich es an einen Milchviehbauern.

Im Herbst hatte ich vier Tonnen Backroggen pro Hektar geerntet und achteinhalb Tonnen Körnermais – eine ausgezeichnete Ernte auf meinem sandigen Boden. Der Körnermais brachte gutes Geld. Der Roggen nicht, denn der Getreidepreis fiel.

Im Winter lammten die Schafe. Es waren weniger Lämmer als im Vorjahr, und einige kränkelten. Der Schlachter bot mir einen Kilopreis von 1,90 Euro. Ich rief einen anderen Schlachter an, er bot 2 Euro. Ich wartete ein halbes Jahr, bis die 20.000 Euro auf meinem Konto eingingen.

Im Frühjahr war ein Landwirt, dessen Acker ich mit meinem Präzisionsstriegel bearbeitet hatte, säumig. Doch diesmal ging es nur um ein paar Tausend Euro.

Im Sommer verkaufte ich einer Frau Heu für ihr Pferd. Ich schrieb eine Rechnung über 4.600 Euro, sie bezahlte 500 Euro. Ich mahnte. Sie bezahlte 1.000 Euro. Ich mahnte, und sie versprach regelmäßige Ratenzahlung.

Weil sie und ihr Mann alt waren und ihre Verhältnisse wohl nicht die besten, und weil ich das Geld nicht dringend brauchte, ließ ich mich darauf ein.

Einem Kartoffelbauern, den ich auf einem meiner Felder 17 Hektar Biospeisekartoffeln anbauen ließ, der weder Pacht noch Bewirtschaftungskosten bezahlte, mich erst vertröstete, dann hinhielt und schließlich betrügen wollte, pfändete ich die Ernte.

»So ist es in der Landwirtschaft«, sagte Papa.

»Ich weiß«, sagte ich, »und ich beklage mich nicht.«

An einem Morgen im Februar lud ich Elektrozäune und Weidepfähle in die alte Öltonne und spannte Ondra ein.

»Wie im Krieg«, sagte Tante Nanny und wickelte ihr Kopftuch fester.

»Sagt Papa auch immer, aber es ist praktisch.« Ondra schüttelte ihre Mähne, und ich übergab Tante Nanny die Zügel und rief die Hütepudel.

Seit Tagen blies ein eisiger Wind, und es schneite. Jenseits des Wegs lag der Schnee wie ein weißes Tuch über der Landschaft.

»Wie still es hier ist«, sagte Tante Nanny, als wir die Abzweigung in den Wald nahmen. Sie ist Mamas Schwester und lebt bei meinen Großeltern in Klein Düngen, und weil Papa und Mama Flora besuchten, die im Rahmen ihres Studiums ein Praktikum auf einer Milchfarm in den USA machte, war sie für zwei Wochen zu mir nach Lomitz gezogen. »Damit du nicht ganz allein bist da draußen, Kind.« Ich hatte mit den

Augen gerollt, doch nur aus Spaß, denn ich mochte Tante Nanny, sie war patent und praktisch, kochte so gut wie Mama, und nach dem Essen schenkte sie uns immer ein Gläschen Amaretto ein.

Die Schafe blökten, als sie uns sahen, und als wir uns der Weide näherten, stoben sie mit wehenden Ohren davon. Diejenigen, die gelammt hatten, standen bei ihren Jungen, reckten die Köpfe und blickten uns misstrauisch entgegen. Der Zuchtbock, der zur falschen Zeit in die Herde geraten war, weswegen einige Schafe außerhalb der üblichen Zeit lammten, wagte sich keck ein paar Schritte vor. Ich ließ die Hütepudel von der Leine und rief nach Glöckchen. Ein helles Klingeln ertönte – in seinem zotteligen Winterpelz sah mein Lieblingsschaf aus wie eine Tonne. Blökend zockelte es neben mir her, als ich zum Weidezaungerät lief und den Strom abschaltete.

Der kalte Wind schmerzte auf der Haut, und ich zog meine Kapuze fester und stieg über den Zaun. Mit hochgezogenen Schultern stapfte ich auf die Herde zu. Die Mutterschafe blökten tief und dunkel, die Lämmer hoch und hell, einige staksten bereits durch den Pferch, sie hatten schwarze Köpfe und Beine, doch ihr Fell war noch grau und würde erst mit der Zeit wollweiß. Zwei Lämmer waren sehr mager. Ich hatte die Mutter angemolken, doch ihre Zitzen waren dick wie die einer Kuh, die Lämmer saugten und saugten und bekamen trotzdem kaum Milch. Weil am Tag zuvor ein anderes Lamm gestorben war, hatte ich sein Fell abgezogen und es dem kräftigeren der beiden übergestülpt. Die Mutter des toten Lamms hatte an ihm geschnuppert, ihr – vermeintliches – Junges erkannt und es gesäugt. Heute sah es schon kräftiger aus als sein Geschwisterchen, und wenn alles gut ging, würde es überleben. Anfangs hatte Mama Spezialmilch angerührt, und wie ein Rudel junger Hunde waren die hungrigen Lämmer an uns hochgesprungen, wenn wir ihnen die Flasche gaben, aber am Ende hatten sie Durchfall bekommen. Der Aufwand lohnte sich nicht, hatte ich entschieden und schenkte allzu magere Lämmer nun einer alten Frau im Nachbarort, die sie aufzog.

Die Hütepudel trieben die Herde zusammen, und einer der Zuchtböcke legte den Kopf in den Nacken und blökte wie eine kaputte Sirene. In der Nacht waren weitere Lämmer zur Welt gekommen, und ich untersuchte sie und brachte sie und ihre Mütter in einen abgetrennten Teil des Pferchs. Ein Lamm war höchstens eine Viertelstunde alt, sein Fell war voller Schleim, es zappelte und blinzelte, doch es atmete gleichmäßig, und seine Mutter leckte es. Manchmal nahm ein Schaf sein Junges nicht an, lief einfach fort und ließ es liegen. Manchmal stahl ein Schaf ein fremdes Lämmchen und bemutterte es, weil es dachte, es hätte schon gelammt und dies wäre sein eigenes. Manchmal guckten zwei Beine hervor, doch das Lamm wollte nicht kommen, sodass ich es holte. Manchmal tastete ich drei Beine und wusste, es würden Zwillinge. Einmal begann ein Schaf Tage nach der Geburt fürchterlich zu stinken – ein drittes, inzwischen totes Lamm lag noch in seinem Bauch. Manchmal war ein Lamm so winzig, dass wir es Josef nannten – als Papa geboren wurde, hatte er nur 1.300 Gramm gewogen, und meine Großmutter hatte ihn ebenfalls hochgepäppelt.

Ein markerschütterndes Blöken.

Die Hütepudel bellten, und ich sprang auf. Am andern Ende der Weide lag ein Schaf auf dem Boden, es blökte und schlug mit den Klauen – wahrscheinlich hatte es sich gescheuert, doch weil es hochträchtig war, kam es nicht mehr hoch. Ich rief Tante Nanny, und gemeinsam wuchteten wir das Schaf auf die Beine.

»Sieh mal«, sagte Tante Nanny und deutete über die Weide. Ein Mutterschaf jagte am Zaun entlang – zwei schwarze Beine ragten aus seinem Leib.

Ich pfiff nach den Hütepudeln. Das Schaf blökte. Es schlug Haken, rannte mal in die eine, mal in die andere Richtung. Langsam und ruhig näherten Tante Nanny und ich uns, pferchten es ein mit unseren Netzen, während die Pudel dafür sorgten, dass es nicht nach hinten ausbrach. Stück für Stück trieben wir es Richtung Lämmerherde, und in einem Moment, als es vor Schreck stillstand, warf ich mich darauf, Tante Nanny packte es an den Hinterläufen, und gemeinsam rangen wir es zu Boden.

Es blökte und wand sich, es keuchte und schlug.

Die Geburt hatte bereits begonnen; es kam vor, dass ein Schaf dabei in Panik geriet und wieder aufsprang. Mit einer Hand versuchte ich, seine Hinterläufe festzuhalten, mit der anderen untersuchte ich das Tier. Ein dritter Lauf schob sich hervor. Doch es waren Hinterläufe, die herausragten, was bedeutete, dass beide Lämmer falsch lagen.

»Kriegst du sie raus?«, fragte Tante Nanny, die mit ihrem ganzen Gewicht das Schaf zu Boden drückte.

»Ja.« Ich zog die Nase hoch, wischte Fell beiseite, verklebt von Matsch und Köteln, und tastete nach den Lämmern. Es war nicht schlimm, wenn eines falsch lag. Schlimm war, wenn das zweite Lamm herauswollte, bevor das Erste abgenabelt war.

Das Schaf blökte, keuchte, hechelte.

Der Rest der Herde hatte sich zurückgezogen, und die Hütepudel liefen nervös umher. Wieder tastete ich und tastete, doch es war ein einziges Durcheinander, sodass ich schließlich sämtliche Beine in den Mutterleib zurückschob, die Lämmer sortierte und sie nacheinander herauszog, die Läufe, die Nasenspitze, den Kopf, den Rest.

Ich war schweißgebadet, als die Mutter – erschöpft und mit müdem Blick – begann, ihre Jungen zu lecken. Ich wischte Reste der Eihülle von den nassen Lämmern, sie blinzelten, und ihre Hälse und Köpfe zitterten, doch ihr Atem ging regelmäßig, und ich stand auf und wischte mir die Hände ab. Aus meiner Jackentasche zog ich ein Fläschchen Jod und desinfizierte ihre Nabel.

»Die können wir jetzt sich selbst überlassen.«

»Kind …«, sagte Tante Nanny, mit glühenden Wangen und glänzenden Augen.

»So ist es mit den Schafen. Was meinst du, was hier im Frühjahr los ist?« Ich legte meinen Arm um ihre Schultern. »Aber vielen Dank für deine Hilfe!«

Tante Nanny stieß ein wenig Luft aus, und ihr Gesicht sah aus, als versuche sie sich vorzustellen, wie ich allein

ein Schaf am Boden hielt und seine Lämmer zur Welt brachte.

Ich drückte sie, dann stopfte ich die Jodtinktur in meine Tasche. Ich stapfte hinüber zur Lämmerherde, suchte das Flaschenlamm und packte es an den Vorderläufen.

Eugen, der Schäfer, stand neben der Öltonne, als ich zurückkam. Er war in seinen Schäfermantel gehüllt, seine Nase leuchtete rot, und der Wind blies ihm beinahe den Hut vom Kopf. Ondra wieherte leise, als sie mich sah, weißer Dampf kam aus ihren Nüstern.

»Ich bring' das Lamm nach Hause«, sagte ich und kletterte über den Zaun.

»Wir können ja schon einmal anfangen, den neuen Pferch abzustecken.« Eugens Pfeife war ausgegangen und hing kalt zwischen seinen Lippen; das passierte oft, ohne dass er es bemerkte.

»Gut«, sagte ich. »Aber wartet mit dem Umtreiben, bis ich zurück bin.« Der neue Pferch sollte auf der anderen Seite des Grabens abgesteckt werden.

Eugen nickte und zerrte zwei Zaunbündel aus der Wanne.

Es dauerte fast zwei Stunden, bis ich zurückkam; diesmal hatte ich den Jeep genommen. Der neue Pferch war bereits abgesteckt – und die Schafe grasten darin. Am anderen Ende der Weide rollte Eugen Netze zusammen.

»Isa«, sagte Tante Nanny und löste den Knoten ihres Kopftuchs. Der Wind fuhr ihr durch die Haare, zerrte an den Strähnen und türmte sie zu einer Sturmfrisur.

Ihre Nase lief, und etwas in ihrer Stimme ließ mich aufhorchen.

»Was ist los?«

Umständlich band sie ihr Kopftuch. Ich sah zu Eugen, der Weidepfähle aus dem Boden löste, ohne dabei aufzusehen.

»Was ist passiert?«, fragte ich noch einmal.

Tante Nanny stieß, kurz und scharf, Luft zwischen den Zähnen aus: »Der Bock liegt im Graben.«

»Aber ich hab' gesagt, ihr sollt mit dem Treiben auf mich warten!«

»Du kennst doch Eugen.«

»Ja.« Er war eine Seele von Mensch, immer hilfsbereit und manchmal störrischer als jedes Schaf.

Ich stieg über den Zaun, stapfte durch den Pferch und pfiff nach den Hunden. Es schneite wieder, schwere nasse Flocken krochen in den Kragen meiner Jacke. Der Frost brannte auf der Haut, und ich rieb mein Gesicht und versuchte, es zu wärmen. »Warum habt ihr am Graben kein Netz gespannt?«

»Eugen hat gesagt, es wäre nicht nötig.« Tante Nanny japste.

»Das ist Quatsch, und das weiß er.« Ich drosselte mein Tempo und zurrte meinen Schal fester. »Er sagt gern, dass er 40 Jahre Erfahrung hat, aber manchmal macht er es sich einfach zu leicht.«

»Ach, Kind.« Tante Nanny nieste und grub nach ihrem Taschentuch. »Was soll ich denn da sagen?«

»Nichts, ist ja auch nicht deine Schuld.« Ich bremste ab, so abrupt, dass ich beinahe ausgerutscht wäre.

Die Böschung fiel steil ab. Das Gras war heruntergetreten, die Erde nass, und neben der Brücke zog sich eine breite, verschliffene Spur durch den Matsch. Der Graben war an dieser Stelle etwa einen Meter breit und sicher zwei Meter tief. Eine trübe Schicht Eis stand auf dem Wasser. Der Bock hatte sie durchschlagen – nur sein Kopf ragte noch aus dem Wasser.

Ich starrte hinunter – er starrte herauf.

Ich stöhnte: »Das kann nicht wahr sein.«

Der Bock blökte.

»Den hab ich erst vor zwei Wochen gekauft, für 500 Euro.«

»Es tut mir so leid, Kind.« Tante Nanny sah aus, als würde sie am liebsten mit dem Bock tauschen.

Der Bock blökte, kläglich und lang.

»Wie kriegen wir ihn bloß wieder raus?«

»Keine Ahnung.« Ich wickelte mir den Schal vors Gesicht. Zu dritt würden wir ihn nicht herausziehen, mit seinem nassen Fell wog er bestimmt 200 Kilo. Mit dem Jeep konnte ich auch nicht vorfahren, der Boden war zu nass. Ratlos sah ich mich um. Eugen rollte immer noch Zäune auf.

»Ondra?« Tante Nanny blies sich in die Hände.

»Ja, etwas Besseres fällt mir auch nicht ein.«

Wir liefen zum Auto. Ich zerrte ein Seil unterm Beifahrersitz hervor und zog meine Jacke aus. Tante Nanny führte Ondra zur Brücke, und ich suchte eine flache Stelle und hangelte mich in den Graben hinunter. Der Bock blökte, als ich durchs Wasser watete. Er versuchte, sich aufzurichten und rutschte noch tiefer. Mit einer

Hand hielt ich mich an einem Vorsprung fest, mit der anderen warf ich das Seil aus – der Bock schrak zurück und zappelte. Ich stolperte, eiskaltes Wasser schwappte in meine Stiefel.

Ich hielt die Luft an.

Immer wieder versuchte ich, das Seil um den Rücken des Tiers zu legen, es um seinen Bauch zu winden. Ich zerrte und zurrte, tauchte die Arme ins Wasser und tastete mich vor, der Bock schlug mit den Läufen und bäumte sich auf, ich verlor das Gleichgewicht, taumelte, stürzte, fluchte, stand wieder auf, warf mich wieder auf ihn, packte ihn – und dann war ich ein einziges Mal schneller und schnappte zu, und im nächsten Moment zog ich das Seil um seinen Leib. Meine Hände waren taub, ich konnte kaum einen Knoten binden. Atemlos warf ich Tante Nanny das lose Ende zu.

»Er war ein bisschen vorwitzig.« Eugen reichte mir hilfsbereit die Hand, als ich die matschige Böschung hinaufkletterte.

»Vorwitzig?« Ich umklammerte seine Hand und suchte mit den Füßen Halt. »Kann es sein, dass du einfach zu faul warst, einen Zaun um den Graben zu stecken?«

Schwitzend und frierend kroch ich in meine Jacke, die Tante Nanny mir hinhielt. Die Hunde bellten, und mit steifen Fingern zurrten wir das Seil am Kutschgeschirr fest und legten es um den Schwengel.

Doch so sehr Ondra zog – der Bock rührte sich nicht.

»Der ist sogar zu blöd, sich retten zu lassen!«, schimpfte ich.

Tante Nanny kicherte.

»Es hat keinen Sinn«, sagte ich schließlich. Zitternd setzten wir uns in den Jeep, und ich drehte die Heizung auf. Mein Gesicht glühte, meine Füße schmerzten, meine Hände kribbelten. Mit Fingern hart wie Stöcke tippte ich die Nummer eines Freundes in mein Handy. Eine Viertelstunde später kam er mit dem Trecker und hievte meinen Zuchtbock aus dem Graben.

23.

Zwei Wochen später saß ich an einem Samstagabend mit Robert und ein paar Freunden in einer Cocktailbar in Hildesheim.

»Du bist wirklich in den eiskalten Wassergraben gestiegen?« Daniel schwenkte seinen Mojito, und die Eiswürfel klirrten.

»Ja«, sagte ich.

»Und was ist aus dem Bock geworden?«, fragte Paul.

»Die Hunde haben ihn gefressen.«

»Iiih.« Ein Mädchen, das ich nicht kannte, schnappte nach Luft.

»Sofort oder später?«, fragte Daniel.

»Nachdem wir ihn rausgezogen hatten, haben wir ihn zu den anderen Schafen auf die Weide gebracht. Er legte sich ins Gras, und als ich am nächsten Morgen nach ihm sah, lag er noch an derselben Stelle. Er wirkte nicht krank, im Gegenteil, er guckte ganz munter aus der Wolle. Er ist bloß nicht mehr aufgestanden. Vorsichtshalber hab' ich ihm ein Medikament gegeben. Nachmittags wollte ich ihn mit dem Flaschenzug auf den Anhänger laden und in den Stall bringen, aber der Boden war zu nass, ich konnte nicht dicht genug heranfahren. Zwei

Tage später kam mein Vater aus dem Urlaub – er hat den Bock sofort erschossen.«

Das Mädchen wurde blass.

Ich zuckte mit den Schultern. Robert lachte und bestellte noch einen Tequila Sunrise.

»Was machst du denn beruflich?«, fragte Daniels neue Freundin, Pia, ein blondes Mädchen mit Sommersprossen und grünen Augen.

»Ich bin Landwirtin.«

»Wow!«

»Wow?« Ich lachte.

»Na ja, das hätte ich nicht gedacht. Ich meine, du siehst gar nicht so aus.«

»Wie sieht denn eine Landwirtin aus?«, fragte ich amüsiert. In meiner Kindheit hatte man mich ja leicht für einen Jungen halten können, doch inzwischen trug ich – vor allem wenn ich am Wochenende mit Robert ausging – Röcke, hübsche Kleider und Schuhe mit hohen Absätzen. Ich schminkte mich, und auch wenn Shoppen noch immer nicht zu meinen Lieblingsbeschäftigungen gehörte, war ich einigermaßen auf dem Stand in Sachen Mode. Ich mochte einen für eine junge Frau ungewöhnlichen Beruf und ein außergewöhnliches Interesse an Düngung und Nutztierhaltung haben, vielleicht sogar manchmal eine gewisse Besessenheit, aber insgesamt fand ich mich doch recht normal.

Pia lachte ein wenig verlegen: »Na ja, ich meine, du bist genauso wie die Mädchen, die ich sonst kenne, in Hildesheim und Hannover.«

»Und was machen die beruflich?«

»Irgendwas mit Internet oder Medien oder Werbung. Eine Freundin von mir ist Grafikerin, zwei andere studieren BWL.«

»Und du, was machst du?«

»Ich arbeite in einer PR-Agentur. Unsere Kunden sind Verlage, wir organisieren Lesereisen für Autoren und Events mit Schriftstellern und so.«

»Wow.« Mit einem Zahnstocher spießte ich eine Olive aus der Schale mit dem Käse und den Jalapeños.

Pia zuckte mit den Schultern.

»Nee, ehrlich.« Ich zupfte ein Stück Jalapeño von der Olive und schob sie in den Mund. »Das klingt spannend. Wäre aber nichts für mich. Ich lese zwar ganz gern …«

»Aber nur Bücher über mechanische Bodenbearbeitung und Kleearten mit erhöhtem Futterwert.« Robert lachte und legte seine Hand auf meine. Ich streckte ihm die Zunge raus, aber nur ein bisschen.

»Und was machst du den ganzen Tag als Bäuerin?«, fragte Paul.

»Als Landwirtin.« Ich legte den Zahnstocher zu den anderen auf meinem Teller und erzählte, was ich den Tag über tat.

»Wow«, sagte Pia. »Du kannst also Trecker fahren?«

»Klar. Wie sollte ich sonst pflügen, säen, grubbern, Heu wenden?«

Robert drückte meinen Arm. »Isa …«

»Was denn?« Ich wandte mich um und wäre beinahe gegen mein Glas mit dem alkoholfreien Cherry Colada gestoßen. Robert streckte die Hand aus.

»Pia ist in der Stadt aufgewachsen«, sagte er.

»Oh.« Mit der Serviette tupfte ich die roten Tropfen vom Tisch. »Tut mir leid. Dann kannst du das natürlich nicht so genau wissen.«

»Schon in Ordnung.« Pia grinste: »Ich hab' ja in der Tat keine Ahnung von Ackerbau und Viehzucht. Scheint aber spannend zu sein.«

»Ich möchte nicht tauschen. Ich arbeite mit Tieren und mit Hightechmaschinen, ich bin viel draußen und selbstständig. Ich liebe den Geruch von Erde und frisch gemähtem Heu, und wenn mir im Winter beim Schafzäune-Umstecken die Finger steif frieren, setze ich mich zu Hause mit einer Tasse Tee vor den Kamin und wärme mich wieder auf.«

»Wow«, sagte Pia, und ihre Stimme klang weich, beinahe zart.

»Es ist ja schon so«, sagte Robert, »dass viele denken, Landwirtschaft wäre uncool.«

»Uncool?« Ich trank den Rest von meinem Cocktail. »Was ist denn cooler als ein automatisches Melksystem?«

»Ein iMac?« Daniel sah mich an und biss grinsend in eine Jalapeño.

»Ein Eimäck?«

»Ein Apple.« Robert winkte dem Barkeeper und deutete auf mein Glas. »Ein Computer.«

»Phhh …« Ich leckte den Geschmack von Kirsche und Kokos von meinen Lippen. Pia spießte ein Stück Käse auf.

»Du kannst ja mal zum Tag des offenen Hofes kommen«, sagte ich.

»Zu was?«, fragte das Mädchen, das ich nicht kannte und das, seit es »Iiih« gerufen hatte, nichts mehr gesagt hatte.

»In Niedersachsen machen über hundert Höfe mit. Da gibt's Trecker mit GPS, die übers Feld fahren und Rüben aussäen, während du am Steuer Kaffee trinkst. Man kann Melkroboter besichtigen und zugucken, wie das Melkgeschirr vollautomatisch per Ultraschall und Laser am Euter angebracht wird. Allein am Durchfluss der Milch erkennt der Computer, ob eine Kuh eine Euterentzündung hat – das muss man sich mal vorstellen! Es gibt eine Software, die heißt *Superkuh*, die weiß, wie oft die Kuh in den Melkroboter gegangen ist, wann sie gemolken wurde und wie viel Milch sie gegeben hat. Sie weiß, was die Kuh gefressen hat, und wenn sie nicht frisst, kriegt der Bauer eine SMS aufs Handy. Da steht dir doch der Mund offen! Das ist elektronisches Herdenmanagement. Das ist dermaßen cool, cooler geht's gar nicht …«

Robert lachte und schüttelte den Kopf.

»Ich weiß nicht, manchmal bist du schon ein bisschen schmalspurinteressiert, Isa.«

Ich errötete. »Weil ich nicht wusste, wer Claudia ist?« Er nickte und drückte meine Hand. Beim Frühstück hatte ich in der Zeitung eine Karikatur gesehen, darüber stand CLAUDIA, und ich fragte Robert, welche Claudia? Na, Claudia Roth, sagte er, die Parteivorsitzende der Grünen.

Der Barkeeper brachte noch einen Cherry Colada für mich und einen Pink Flamingo für Pia.

»Egal.« Ich prostete Robert zu, obwohl ich mich noch ein bisschen schämte. »Ich kenn' mich eben mit anderen Dingen aus.«

Er beugte sich herüber und gab mir einen Kuss. Paul sagte etwas zu dem Mädchen, das ich nicht kannte, und sie lachte und warf ihre Haare zurück. Sie hatte ihre Fingernägel blau und silbern lackiert. Passend zu der silbernen Jacke, die sie über ihrem Top trug? Sie lachte wieder, klimperte mit ihren Armreifen und griff nach ihrem Glas – sie hatte sich den Cocktail mit dem dämlichsten Namen auf der ganzen Karte ausgesucht: *Sex on the Beach*.

Wäre mir peinlich gewesen.

Sie nuckelte an ihrem Strohhalm. *Sex on the Beach* schillerte so gelborangerosarot wie ein Sonnenuntergang auf einer Postertapete.

»Also mal ehrlich«, sagte sie, als sie sich zurücklehnte und mit der Zunge über die glänzenden Lippen fuhr. »Wer will denn so einen Job heute noch machen? Im Stall durch Schweinescheiße waten? Bei Wind und Wetter in der Erde wühlen? Also ich kann mir was Besseres vorstellen.«

Friseurin?, wollte ich fragen. Unter dem Tisch spürte ich, wie Robert nach meinen Fingern tastete. Also hielt ich meinen Mund.

»Ich kenne viele, die die Höfe ihrer Eltern übernehmen«, sagte er. »Ich selbst werd's auch tun.«

»Echt?« Das Mädchen sah ihn an, als hätte er gesagt, er würde gleich bezahlen, auf die Straße gehen und sich vor ein Auto werfen.

Robert nickte und lächelte sein charmantestes Lächeln: »Qualifizierte Kräfte werden durchaus gesucht.«

Das Mädchen griff nach seinem Strohhalm. Es verdrehte die Augen.

Ich sah zu Paul – er war ein Stück abgerückt und bohrte einen Zahnstocher in ein Käsestück. War sie ihm peinlich? Hatte er was mir ihr?

Robert nahm eine Erdnuss und knackte sie mit den Zähnen. Sein Blick – wie warmes Wasser. Er ließ sich einfach nicht aus der Ruhe bringen. Manchmal beneidete ich ihn um dieses Talent.

»Es gibt auch Leute mit Abitur, die in die Landwirtschaft gehen«, sagte er und biss auf die Nuss.

»Echt?«

Echt?, echote ich stumm.

»Ja, meine Schwester zum Beispiel.« Ich lehnte mich an seine Schulter. »Sie macht gerade ein Praktikum auf einer Milchfarm in New Mexico.« Dass sich Flora beschwert hatte, als sie Kühe treiben sollte, sagte ich nicht. Auch nicht, dass ich es befremdlich fand, dass eine Erstsemesterstudentin nicht ausmisten, sondern sich ausschließlich mit Embryotransfer beschäftigen wollte. Wir waren eben sehr unterschiedlich.

»Da sind nicht nur Deppen unterwegs, irgendwelche Melker, die nicht bis drei zählen können. Als Herdenmanager musst du schon was drauf haben.«

Das Mädchen zuckte mit der Achsel und sog an seinem Strohhalm. »Also meins ist es jedenfalls nicht.«

Meins ist es nicht – was für eine alberne Floskel. Fast so dämlich wie der Name ihres Cocktails.

»Ich könnt's mir auch nicht vorstellen«, sagte Pia. »Aber ich find's interessant, was Isabell erzählt. Und ich find's gut, dass sie so viel Spaß hat. Darum geht's doch am Ende – dass man möglichst in einem Beruf arbeitet, der auch Spaß macht.«

»Stimmt!«, sagte ich, und unter dem Tisch drückte ich Roberts Hand.

24.

Eines Morgens im April stieg ich auf meinen MB-Trac. Ein Husten, ein Schütteln, dann das vertraute Brummen des Motors. Nebenan muhten die Kühe des Nachbarn, es war Melkzeit, und am Himmel kreisten Krähen. Sonnenstrahlen tanzten durch die kahlen Zweige der Birken, und der Wind der vergangenen Tage hatte sich gelegt. Ich pfiff, und Jenna spurtete über den Vorplatz. Der Pflug rasselte, als der Traktor über den Hof rollte.

Die Sonne schien mir ins Gesicht, als ich auf die Hauptstraße abbog, und ich öffnete den Reißverschluss meiner Jacke. Jenna legte den Kopf schräg und schnüffelte an meinem Bein. Ich kraulte ihre Ohren. Vor zwei Wochen war es unerwartet warm geworden, das Thermometer stieg bis auf zwanzig Grad, Schneeglöckchen, Krokusse und ein paar waghalsige Narzissen bohrten ihre Köpfe aus der Erde, die Lämmer hopsten über die Weide. Den ganzen Tag lief ich durch die Gegend, zog Bodenproben, bestellte Saatgut, Mist und Kalk, lieferte Brennholz aus und schickte einen Lkw voll Heu in einen Milchviehbetrieb in der Nähe von Hamburg. Ich konnte es kaum erwarten, endlich aufs Feld zu fahren.

Dann kam der Schnee.

Am Abend des ersten Tags lagen zehn Zentimeter Schnee, am Abend des dritten Tags waren es fünfundzwanzig Zentimeter. Im Wald knackten die Äste, und die Zweige brachen unter der weißen Last. Nachts sanken die Temperaturen weit unter null, in den Gräben fror das Wasser, und ein frostiger Ostwind trieb Schneeschwaden über die Felder.

Seufzend hockte ich am Fenster und starrte hinaus.

Nach zehn Tagen wurde es milder. Der Himmel glänzte wie Milch, und der Schnee schmolz. Grüne Halme bohrten sich durch den Matsch. Nur der Wind blieb schneidend.

Als ich die Bundesstraße überquerte, sah ich in der Ferne, kurz vor Prezelle, einen Traktor; seine Karosserie leuchtete rot auf der grauen Straße. Ein Case? Ein Steyr? Ich wechselte den Gang und bog in den Flurweg, der nach Simander führte. Goschan war eine kleinere Fläche, sechs Hektar Ackerland, Karl Behrend hatte sie bewirtschaftet, denn sie grenzte an seine eigenen Felder. Bis im Herbst die Pacht ausgelaufen war. Beim Katasteramt hatte ich die Daten erfragt und mit einer Mistforke die alten Grenzsteine freigelegt. Kurz darauf fuhr ich mit Trecker und Grubber vor. Behrends Vater war auf seinem Acker unterwegs, und er kam mir entgegen, zog eine schnurgerade Spur auf der Grenze und sagte mit einem knappen Kopfnicken: »Daneben kannst du grubbern.«

Ich stieg von meinem Traktor und sah zu, wie der Alte weiter übers Feld fuhr; er war schon über siebzig und nicht sehr umgänglich, auch in den Auseinandersetzungen mit seinem Sohn um Land und Lieferrechte war er stur gewesen. Da die Spur zwischen den Grenzsteinen verlief, sagte ich nichts, und pusselte nur ein wenig an meiner Anhängerkupplung herum.

»Eigentlich wollte dein Vater den Pachtvertrag ja verlängern«, sagte Behrend, als er wieder auf meiner Höhe war.

»Na ja.« Ich richtete mich auf und wischte mir die Finger ab. »Papa wollte verhandeln, wenn ich die Fläche nicht übernehme.«

Der alte Behrend brummte etwas und schüttelte den Kopf.

»Aber in Zukunft werde ich sie selbst bewirtschaften«, sagte ich.

Behrend räusperte sich und hustete, ein raues Rasseln in seiner Brust. Er fischte umständlich ein Päckchen Zigaretten aus seiner Jackentasche und schnippte eine heraus.

»Über die Rüben müssen wir auch noch reden«, sagte er.

Ich hob eine Braue.

»Na ja, wir haben nur die Rüben geerntet, nicht die Blätter. Wenn du die jetzt unterpflügst, ist das Gründünger. Der ist voller Nährstoffe. Da muss ich dir 'ne Rechnung für schicken.«

»Klar.« Ich nickte: »Ich hab' auch schon Bodenproben gezogen. Die werden zeigen, wie gut der Boden überhaupt versorgt ist.«

»Wieso?«

Ich ließ mich nicht beirren. »Du kannst die Rübenblätter auch gern zusammenfahren und auf euren Feldern ausstreuen.«

Der Alte schnaubte und zog die Nase hoch.

»Oder ihr siliert sie und gebt sie den Kühen.« Ich lächelte. Das machte seit Jahren kein Landwirt mehr, doch wenn Behrend seinen Nährstoffreichtum nicht auf dem Feld verkommen lassen wollte …

»Du kriegst 'ne Rechnung.« Mit einer abrupten Bewegung schloss er das Fenster seines Führerhäuschens und fuhr weiter.

Ich stieg wieder auf meinen Traktor, schaltete das Radio ein und suchte »Radio Ackerfurche«. Manche spotteten über das Lokalprogramm, das sei Musik für alte Leute, aber ich hörte beim Pflügen gern Schlager und alte Popsongs. Land zu pachten oder zu kaufen wurde immer schwieriger, seit auch Anleger in Rüben- und Kartoffelfelder investierten. Sie konnten eine Kuh nicht von einem Bullen unterscheiden, doch darum ging es auch nicht, sie wollten ihr Geld vermehren. In den vergangenen Jahren waren die Preise spürbar gestiegen, vor allem zusammenhängende Flächen waren kaum zu bekommen. Ackerland wurde zum Renditeobjekt. Trotzdem war es mir gelungen, meinen Hof von 128 auf 184 Hektar zu vergrößern.

Der Moderator sagte die Uhrzeit und spielte *Er gehört zu mir* von Marianne Rosenberg. Ich drehte lauter. Am Ende des Beets hob ich die Pflugscharen und wendete. Pflügen war nicht komplizierter als Bügeln, man musste nur mit dem rechten Rad in der Pflugfurche bleiben und aufpassen, dass die Scharen nicht zu tief griffen und dass sie keinen toten Boden hochpflügten, Sand beispielsweise, der wenig Nährstoffe hatte und kaum Wasser speicherte.

Irgendwann hielt ich am Feldrand, schnappte mir die Rolle mit dem Toilettenpapier und sprang vom Traktor. Ich sah mich um – auf den angrenzenden Flächen war niemand unterwegs. In zwei, drei Wochen würde das anders sein, und im Sommer zur Erntezeit, wenn Kolonnen von Traktoren, Anhängern, Mähdreschern und Lkws durch die Fluren fuhren und sogar mitten im Maisfeld unvermittelt Spaziergänger auftauchten, war es nicht einfach, irgendwo hinter einen Busch zu schlüpfen. Manchmal gab ein Fahrer auch per Funk Nachricht an alle: »Jungs, Isabell verschwindet gerade wieder in den Maisstauden!« Ich kämpfte mit meinem Schamgefühl – Nathaly war abgeklärter. Fragte jemand, wo sie gewesen sei, im Funkkanal sei es so still gewesen, antwortete sie: »Ich war kacken.« Manchmal genierte ich mich für sie; deswegen und weil sie sich mit einem eigenen Traktor als Lohnunternehmerin selbstständig gemacht hatte und seither Tag und Nacht arbeitete, manchmal 400 Stunden im Monat, war unser Kontakt mit der Zeit loser geworden.

Jenna strich durch die Böschung, schnüffelte an einem Strauch, an einem Erdhügel, hob ihr Bein. Unter einer Kiefer hockte eine Katze, mit rundem Rücken und geradem Blick starrte sie auf einen Flecken Laub. Ich knöpfte meine Hose zu und stapfte zurück. Die langen Bahnen frisch gepflügter Erde schimmerten, die

Luft roch würzig. Am Horizont zogen dünne Wolkenstreifen auf, und als ich wieder auf meinen Traktor stieg, spielte das Radio *Mamma mia* von ABBA, und ich trat die Kupplung und fuhr weiter, pflügte Bahn um Bahn, Beet um Beet, blinzelte in die Sonne und sang mit Agnetha und Anni-Frid um die Wette.

Am nächsten Tag pflügte ich Kreuz, während Papa nebenan die Zweite Lage pflügte. Auf beiden Flächen würde ich Körnermais säen. Auf anderen Feldern hatte ich bereits Biogetreide ausgebracht, vor allem Brotroggen und Triticale, eine Kreuzung aus Weizen und Roggen. Mein Hof war jetzt ein zertifizierter Ökobetrieb, und in diesem Sommer würde ich meine erste Bioernte einfahren.

»Wie war dein Tag?«, fragte Robert, als ich am Abend nach Hause kam. Er stand in meiner kleinen Küche und briet Schnitzel.

»Zwölf Hektar gepflügt.« Ich gab ihm einen Kuss, ließ mich auf einen Stuhl fallen und griff nach der Apfelsaftflasche, die auf dem Tisch stand.

»Gut.« Er ließ Salz ins Kartoffelwasser rieseln und nahm eine Flasche Bier aus dem Kühlschrank. Die Schnitzel dufteten, und ich spürte, wie hungrig ich war.

»Und wie lief's bei dir?«

»30 Hektar Zuckerrüben säen in der Nähe von Lüchow.«

»Mit der Accord Optima?«

»Genau.« Robert wendete die Schnitzel. Draußen bellten die Hütepudel und zerrten an ihren Ketten. Ich hatte sie angeleint, weil der Versicherungsvertreter, der mit mir über eine Hagelschadenversicherung reden wollte, Angst vor großen Hunden hatte.

»Wie sät es sich mit einer Accord Optima?«

»Es macht Spaß!« Robert goss die Kartoffeln ab. »Die Umfangsgeschwindigkeit des Zellrads ist so hoch, dass du bei der Aussaat bis zu acht Stundenkilometer schnell fahren kannst.« Ich lachte und trank einen Schluck Apfelsaft. Zuckerrüben zu säen war Präzisionsarbeit, auch mit modernsten Maschinen, und Robert war ziemlich geschickt. Außerdem konnte er vieles reparieren, was nicht nur mich beeindruckte, sondern auch seinen neuen Chef. Es hatte gedauert, doch irgendwann hatte sich mein Freund einen Ruck gegeben.

»Ich will noch was anderes sehen, bevor ich unseren Hof übernehme«, hatte er gesagt, als wir an einem Wochenende, kurz bevor ich wieder nach Lomitz fuhr, einen letzten Kaffee tranken. »Ich hab' von einem Milchviehstall in Vechta gehört, dort suchen sie einen Betriebsleiter.«

»Vechta? Das liegt bei Bremen, oder?«

Robert nickte: »Es gibt noch einen anderen Hof, im Harz, dort suchen sie auch einen Betriebsleiter. Ich werde mich auf beide Stellen bewerben.« Er rührte in seiner Tasse und sah mich an. »Du könntest mitkommen.«

»Oh«, sagte ich.

»Wir würden zusammenziehen.«

Donnerwetter, dachte ich.

»Wir suchen uns eine Wohnung in Vechta oder Goslar.«

»In der Stadt?« Die Vorstellung war ungewohnt – eine Dreizimmerwohnung in einem Mietshaus in der Stadt?

Bald darauf wurde Robert zu Vorstellungsgesprächen eingeladen. In Vechta arbeitete er auf Probe. Doch die Höfe waren schlecht geführt, und er sagte beide Stellen ab. Ein paar Wochen später, an einem Sonntagnachmittag, kurz bevor er wieder nach Sarstedt fuhr, spazierten wir durch Lomitz. Ein Schwarm Störche flog über die Felder Richtung Elbe, und Robert sagte: »Vielleicht sollten wir hier nach einem Job für mich suchen.«

»Donnerwetter!«, sagte ich.

Er zuckte mit den Schultern und sah mich an.

»Aber im Wendland werden nur selten Betriebsleiter gesucht. Du wirst wahrscheinlich keine so gute Stelle finden.«

»Lass uns einfach gucken.«

Kurze Zeit später hörte ich, dass der Lohnunternehmer, der meine Felder drillte, einen Mitarbeiter suchte. Robert rief an, stellte sich vor, unterschrieb einen Vertrag zum 1. April 2012 und zog bei mir ein. Nun wachten wir jeden Morgen nebeneinander auf. Abends aßen wir zusammen, manchmal in meiner Küche, manchmal nebenan bei meinen Eltern, und erzählten uns gegenseitig, wie unser Tag gewesen war. Später, während ich abwusch, rief Robert seinen Vater an und erkundigte sich, was zu Hause auf dem Hof passiert war.

»In Sarstedt hat's geregnet, stell dir vor, 20 Liter pro Quadratmeter ...« waren manchmal die letzten Worte, die ich hörte, bevor ich, an seine Schulter geschmiegt, einschlief. Eines Tages würde er wieder nach Hause wollen. Vielleicht würde ich mitziehen, ich fühlte mich wohl in Sarstedt, und Groß Düngen lag nur eine halbe Stunde entfernt. Vielleicht würde ich weiter pendeln oder im Frühjahr und Herbst für einige Arbeiten Lohnarbeiter anheuern oder einen Landwirt anstellen, der mit seinem Betrieb nicht ausgelastet war. Vielleicht würden wir uns auch in Lomitz niederlassen und den Hof in Sarstedt mitbewirtschaften. Verpachten würde ich meinen Hof nicht; ich wollte weiter bestimmen, was angebaut wurde und wie die Böden behandelt und gepflegt wurden. Und aufgeben würde ich ihn schon gleich gar nicht. Seit Jahren steckte ich meine Energie, meine Zeit, mein Geld in meinen Hof – ich war mit ihm so verwachsen wie Robert mit seinem. Keiner von uns würde sich je von seiner Scholle trennen.

Doch voneinander wollten wir auch nicht lassen.

25.

Im Juli stand das Korn hoch.

Morgens, wenn ich aufwachte, hörte ich ein Rauschen in den Bäumen. Tropfen, die gegen die Scheibe schlugen, und das feuchte Tapsen von Jennas Pfoten, wenn sie unterm Fenster vorbeilief. Ich starrte hinaus. Ich zappte durch alle Fernsehkanäle, surfte durchs Internet: Überall kündigte der Wetterbericht neue Wolken an und weiteren Regen, »ein Tief aus Skandinavien, beharrlich und ergiebig, für die Jahreszeit aber gar nicht so ungewöhnlich«, sagte ein Meteorologe, und ein anderer verwies auf den feuchtkalten Siebenschläfer in diesem Jahr, und ein dritter erklärte, das Wetter am Siebenschläfer sei gar nicht so bedeutend für die nächsten sieben Wochen, wie der Volksmund gern sagte.

Ich fuhr hinaus, lief durch die Felder, prüfte die Ähren; wurden sie zu nass, würden sie keimen. Ich zog Proben, ließ den Feuchtigkeitsgehalt der Körner messen und kalkulierte im Geist die Trocknungs- und Lagerkosten für 20, 50, 100 Hektar Getreide. Ich telefonierte mit allen umliegenden Landhändlern, allen Mühlen – doch überall waren die Lager bereits voll mit dem nassen Getreide anderer Landwirte.

Nach drei Wochen lagen meine Nerven blank. Eine schlechte Ernte würde mich nicht ruinieren, doch sie wäre ein erheblicher Verlust, nicht nur finanziell: Über zwei Jahre hatte ich auf meine erste Bioernte hingearbeitet, hatte Böden renaturiert, Kataloge gewälzt, recherchiert und telefoniert, um das beste Saatgut zu finden, hatte gepflügt, gedüngt, gegrubbert, die Sprösslinge gestriegelt und von Unkraut befreit, hatte sie vor Wildschweinen, Insekten und Schädlingen beschützt. Ich hatte bereits mit Großhändlern verhandelt, und in Bayern machte mir einer einen sehr guten Preis. Nun, kurz bevor es losgehen sollte, drohte der Regen alles zu zerstören.

Eines Morgens Ende Juli drehte ich mich im Halbschlaf um, spürte Roberts warmes Bein an meinem und gähnte. Die letzten Fetzen eines Traums waberten durch mein Gedächtnis, und ich versuchte, wieder einzuschlafen. Plötzlich merkte ich, dass etwas anders war.

Kein Rauschen.

Keine Tropfen, die gegen die Scheibe schlugen.

Ich sprang aus dem Bett und schob die Lamellen der Jalousie auseinander – der Himmel war blau. Ich sprang in Hose und T-Shirt, putzte die Zähne, band meine Haare zusammen, kippte Haferflocken in eine Schale.

In den darauffolgenden Tagen wartete ich ungeduldig, dass das Getreide trocknete, ich betete um Sonne und etwas Wind, ich nahm Proben und telefonierte mit dem Lohnunternehmer, dessen Mähdrescher im Dauereinsatz waren. Abends kam ich verschwitzt nach Hause, meine Augen leuchteten aus einem schmutzigen Gesicht, und meine Beine waren von Mücken zerstochen, Staub klebte in meinen Wimpern. Oft war ich zu müde, um hungrig zu sein, taumelte nur unter die Dusche, fiel ins Bett und schlief auf der Stelle ein.

Irgendwann in diesen Tagen rief Pia an. Mama hatte mir eine Notiz auf den Küchentisch gelegt; sie habe ihr bereits gesagt, dass ich während der Ernte keine Zeit finden würde, zurückzurufen. So war es mit den Städtern – sie sahen das gute Wetter und planten Ausflüge, gingen baden, fuhren in die Ferien. Dass andere arbeiteten bis zum Umfallen, weil gutes Wetter war, bekamen sie nicht mit. Vor einer Weile hatte ich beim Arzt eine Zeitschrift gesehen – Hochglanzbilder und polierte Texte erzählten vom Leben auf dem Land: ein bisschen Gartengestaltung, ein paar Möbel im Landhausstil und Großmutters Marmeladenrezepte. Schöne Frauen mit gepflegten Händen fütterten Hühner oder sammelten Kräuter, Kinder naschten Himbeeren oder ritten auf Ponys, Männer in karierten Hemden hackten Holz oder grillten Spanferkel. Milch wurde stets aus Kannen gegossen, Kühe und Ziegen grasten im milden Nachmittagslicht. Kein Miststreuer weit und breit. Keine kopflosen eben geschlachteten Hühner. Keine in den eisigen Graben gestürzten Schafböcke, kein zerregneter Roggen. Das Landleben wirkte so idyllisch, so naiv und simpel, dass ich lachen musste. Nicht, dass ich die Sehnsucht dahinter nicht verstand – das Leben auf dem Land war etwas Besonderes. Robert und ich würden bald in ein Haus ziehen, mit viel Platz und einem großen Garten, mit einer drei Hektar großen Weide für meine Pferde und einem Ausblick bis zum Horizont. Wir kannten unsere Nachbarn, duzten sie und klönten mit ihnen über den Gartenzaun. Man half sich, und niemand schimpfte, wenn der Hund bellte. Ich steckte nicht zwei Mal täglich zur Rushhour im Stau, hörte nicht den Presslufthammer der Handwerker in der Wohnung über mir und keine Heavy-Metal-Musik aus der Wohnung darunter. Dort, wo ich wohnte, hörte ich das Rauschen der Blätter, den Wind, der über die Felder strich, das Zwitschern der Vögel. Wenn ich durch die Straßen ging, stank es nicht nach Abgasen, und die Blumen in den Gärten waren nicht nur bunt, sondern auch echt. Das Risiko, dass mein Fahrrad gestohlen, mein Auto zerkratzt oder ich überfallen würde, ging gegen null. Ich saß nicht den ganzen Tag in einem Großraumbüro, wurde nicht von Mails, Anrufen und SMS überflutet – obwohl wir durchaus einen DSL-Anschluss haben, und ohne mein Handy wäre ich verloren. Ich kenne Leute, die aufs Land gezogen sind, weil sie sich nach einem echten und unverfälschten Leben sehnten, nach Stille, Entspannung, Frieden, Sinn. Sie sind entzückt, wenn ihnen auf dem Weg zum Auto eine Ente über den Weg watschelt, aber wenn morgens um fünf der Hahn kräht, bekommen sie einen Wutanfall.

Das Leben auf dem Land ist wunderschön – und manchmal stinkt es, manchmal machen Mähdrescher Lärm, manchmal wird es blutig. Manchmal spürt man die Elemente und die Grenzen der Existenz. Wer das nicht wahrhaben will, verklärt etwas. Auch auf dem Land leben Säufer und Ehebrecher, Menschen, die ihre

Kinder schlagen und ihre Tiere quälen, auch hier sterben Menschen an unheilbaren Krankheiten, gehen bankrott oder lassen sich scheiden.

Es ist eine schöne Welt auf dem Land, aber nicht unbedingt eine heile.

Doch die Sehnsucht nach einem Leben mit der Natur kann ich nachempfinden. Und sollte ich jemals in einer Stadt wohnen, ich würde sofort einen Schrebergarten pachten, in der Erde wühlen und Tulpenzwiebeln setzen, Rosen, Astern und Blauregen pflanzen, Mohrrüben säen und Kohl, Kartoffeln, Tomaten, Kürbisse, Kräuter. Denn es tut der Seele gut. Der Mensch trägt wohl eine tief verwurzelte Sehnsucht in sich, im Herbst etwas in die Erde zu stecken und im Frühjahr zu sehen, wie es wächst. Vielleicht spüren manche diese Sehnsucht nicht mehr, und vielleicht haben einige sie auch tatsächlich nie gehabt. Doch die meisten Menschen empfinden eine große Befriedigung, wenn sie dem Fluss der Jahreszeiten folgen, dem Lauf des Lebens, der natürlichen Ordnung der Dinge.

Und das verstehe ich sehr gut. Es geht mir genauso.

LIEBE

Wind strich durch die Wipfel der Bäume, wiegte sie hin und her. Die noch immer dichten Blätter der Buchen bildeten ein Dach über unseren Köpfen, und das Grün im Unterholz glänzte silbern. Die Luft roch nach Moos und Laub, und ein wenig spürte ich die aufziehende Kühle des Herbsts.

Ein Eichelhäher stieß einen rauen Ruf aus. Kurz darauf antwortete ein anderer Vogel – oder war es ein zweiter Eichelhäher, der die Stimme eines Singvogels imitierte?

Kalinka schnaubte, und ich hörte, wie sie ihren Schweif hin- und herbewegte, hörte das Geräusch ihrer Hufe auf dem Waldboden. Ondra war tot. Sie hatte Hufrehe bekommen, eine chronische und schmerzhafte Entzündung, und der Tierarzt hatte uns keine Hoffnung gemacht. Ich streute dick Stroh ein, Mama kühlte ihre Hufe mit kaltem Wasser, doch Papa bestellte den Schlachter. Ich weinte, als ich sie aus dem Stall führte, und Ondra rieb ihre Nüstern an meiner Schulter, während sie mit steifen Beinen neben mir herlief – doch ich liebte sie und wollte nicht, dass sie sich quälte.

»Nun kommt sie ins Hundefutter«, sagte ich und sah dem Anhänger nach, als er die Schulstraße hinauffuhr und auf die Hauptstraße einbog.

»Mensch, Isa ...«

»Sag nicht, ich sei hart, du hast mich so erzogen.«

Papa sah mich an, und ich zog die Nase hoch, wischte mir die Tränen aus dem Gesicht und ging zurück in den Stall.

Hinter einer Biegung öffnete sich der Wald. Das Licht wurde heller, der Wind frischte auf. Vor uns lagen Wiesen und Felder. Auf Leipeitz standen Maisstoppeln, und mitten hindurch führte eine breite Spur – Dammwild hatte hinübergewechselt. Nebenan auf der Zweiten Lage schimmerten rötliche Blättchen von frisch gesätem Winterroggen. Dahinter lag die Schafweide, die ich vor wenigen Tagen gekauft hatte.

Mein Land.

Andere kauften Autos, Kleider, Computer. Ich kaufte Ackerland, Wiesen und Wald. Ob Eurokrise, Inflation, Unwetter oder ein Krieg – es würde nie seinen Wert verlieren.

Land war beständig.

Papa hatte seinen Hof in Groß Düngen mit 27 Hektar Land übernommen und ihn auf 220 Hektar vergrößert. Mein Ziel war es, eines Tages 500 Hektar zu besitzen. Land, das ich meinen Kindern vererben würde. Vielleicht einem Sohn. Einem Sohn, der zupackt und keine Arbeit scheut, wie Papa, wie Robert. Einem Sohn, der den Hof übernimmt und weiterführt, was Generationen vor ihm aufgebaut haben. Normalerweise übernimmt ja ein Junge den Hof. Aber es gibt genauso Frauen, die Höfe führen, und Mädchen, die jagen, und die meisten machen es gut, auch wenn wir Ausnahmen sind. Was mir an Kraft fehlt, mache ich durch Wissen und Willen wett. Trotzdem bleibt das unterschwellige Wissen darum, etwas Besonderes zu sein, etwas Außergewöhnliches, auch wenn ich mich im Alltag darüber hinwegsetze. Doch egal, ob Junge oder Mädchen – wichtig ist mir, dass mein Kind bodenständig und fleißig ist und dass es einmal da weitermacht, wo ich aufhöre.

Ein Rascheln, dicht neben mir. Ich zog die Zügel an. Kalinka hob den Kopf und blähte die Nüstern. Ihr Atem malte weiße Wolken in die Luft. Ich spürte den Wind, der über mein Gesicht strich.

Wieder ein Rascheln.

Spatzen flogen auf, und Blaumeisen schimpften. Ein Knistern, ein Krachen, und im nächsten Moment stob ein Rebhuhn aus einem Blühstreifen, flach an den Boden gedrückt floh es über den Acker und flog schließlich mit hastigen Schlägen und schrillen Schreien davon.

Ich schnalzte und trieb die Stute an.

Vor ein paar Tagen hatte Papa gesagt, meine Entscheidung, auf Ökolandbau umzustellen und die Schafherde zu verkleinern, sei gut gewesen. Die meisten meiner Entscheidungen seien klug gewesen, und aus den schlechten hätte ich immerhin gelernt. Ich glaube, meine Eltern sind stolz auf mich. Sie lassen mich walten, und manchmal frage ich sie um Rat. Sie helfen, doch die Verantwortung trage ich. Wenn der Pachtvertrag, den wir bei der Übernahme geschlossen haben, später ausläuft, werden wir Hof und Land auf meinen Namen überschreiben.

Dann gehörte mein Hof wirklich mir.

Am Himmel tauchte ein Schwarm Graugänse auf. Am Horizont hatte sich ein Streifen zersauster Wolken gebildet. Weißes Licht ließ das Gras leuchten, und die Spitzen der Bäume neigten sich im Wind.

Für einen Moment schloss ich die Augen.

Um mich herum hörte ich nur das Rauschen des Windes. Ich roch den Duft der Erde. Die Stille, die mich umgab, war so weich und voll, dass es beinahe schmerzte.

Der Sattel knarrte, als ich die Augen wieder öffnete und mich vorbeugte, meinem Pferd über die Mähne strich, über seinen warmen Hals, und es antrieb. Es fiel in einen weichen Trab, und wir folgten dem Weg durch die Felder und Wiesen.